"十四五"时期国家重点图书出版规划项目

图文中国古代科学技术史系列·少年版
丛书主编：戴念祖　白　欣

匠心独运的中国古代水利工程

王洪鹏　尹玉洁　蒋　茜　刘树勇◎著

河北出版传媒集团
河北科学技术出版社
·石家庄·

图书在版编目（CIP）数据

匠心独运的中国古代水利工程 / 王洪鹏等著 . -- 石家庄 : 河北科学技术出版社 , 2023.12
（图文中国古代科学技术史系列 / 戴念祖，白欣主编 . 少年版）
ISBN 978-7-5717-1362-1

Ⅰ . ①匠… Ⅱ . ①王… Ⅲ . ①水利工程—中国—古代—青少年读物 Ⅳ . ① TV-092

中国国家版本馆 CIP 数据核字 (2023) 第 034330 号

匠心独运的中国古代水利工程
Jiangxinduyun De Zhongguo Gudai Shuili Gongcheng
王洪鹏　尹玉洁　蒋　茜　刘树勇 / 著

选题策划　赵锁学　胡占杰
责任编辑　张　健　胡占杰
责任校对　王文静
美术编辑　张　帆
封面设计　马玉敏
出版发行　河北出版传媒集团　河北科学技术出版社
地　　址　石家庄市友谊北大街 330 号（邮编 050061）
印　　刷　文畅阁印刷有限公司
开　　本　710mm × 1000mm　1/16
印　　张　10.5
字　　数　168 千字
版　　次　2023 年 12 月第 1 次印刷
印　　次　2023 年 12 月第 1 次印刷
书　　号　ISBN 978-7-5717-1362-1
定　　价　39.00 元

序

党的二十大报告明确提出“增强中华文明传播力影响力，坚守中华文化立场，讲好中国故事、传播好中国声音，展现可信、可爱、可敬的中国形象，推动中华文化更好走向世界”。

漫长的中国古代社会在发展过程中孕育了无数灿烂的科学、技术和文化成果，为人类发展做出了卓越贡献。中国古代科技发展史是世界文明史的重要组成部分，以其独一无二的相对连续性呈现出顽强的生命力，早已作为人类文化的精华蕴藏在浩瀚的典籍和各种工程技术之中。

中国古代在天文历法、数学、物理、化学、农学、医药、地理、建筑、水利、机械、纺织等众多科技领域取得了举世瞩目的成就。资料显示，16 世纪以前世界上最重要的 300 项发明和发现中，中国占 173 项，远远超过同时代的欧洲。

中国古代科学技术之所以能长期领先世界，与中国古代历史密切相关。

中国古代时期的秦汉、隋唐、宋元等都是当时世界上最强盛的王朝，国家统一，疆域辽阔，综合国力居当时世界领先地位；长期以来统一的多民族国家使得各民族间经济文化交流持续不断，古代农业、手工业和商业的繁荣为科技文化的发展提供了必要条件；中国古代历朝历代均十分重视教育和人才的培养；中华民族勤劳、智慧和富于创新精神等，这些均为中国古代科学技术继承和发展创造了条件。

每一种文明都延续着一个国家和民族的精神血脉，既需要薪火相传、代代守护，更需要与时俱进、勇于创新。少年朋友正处于世界观、人生观、价值观形成的关键期，少年时期受到的启迪和教育，对一生都有着至关重要的影响。习近平总书记多次强调，要加强历史研究成果的传播，尤其提到，要教育引导广大干部群众特别是青少年认识中华文明起源和发展的历史脉络，认识中华文明取得的灿烂成就，认识中华文明对人类文明的重大贡献。

河北科学技术出版社多年来十分重视科技文化的建设，一直大力支持科技文化书籍的出版。这套“图文中国古代科学技术史·少年版”丛书以通俗易懂的语言、大量珍贵的图片为少年朋友介绍了我国古代灿烂的科技文化。通过这套丛书，少年朋友可以系统、深入地了解中国古代科学技术取得的伟大成就，增长科技知识，培养科学精神，传播科学思想，增强民族自信心和民族自豪感。这套丛书必将助力少年朋友成为能担重任的国家栋梁之材，更加坚定他们实现民族伟大复兴奋勇争先的决心。

戴念祖

2023 年 8 月

前　言

古代中国是个典型的农业社会，源远流长的中华文明就是建立在农业昌盛的基础上，而水利则是农业的根基。中国自传说时代起，经历了频繁的水患灾害，对洪水的力量有着刻骨铭心的认识。因此，自古以来，水利工程一直受到各族人民的重视。几千年来，勤劳、智慧的中国老百姓经过百折不挠的努力，同江河湖海进行了艰苦卓绝的斗争，陆续修建起芍陂、都江堰、郑国渠等众多的防洪、灌溉、供水、航运等工程，有力地促进了农业生产与经济社会发展。

本书力图用现代水利科学技术的观点，以历史的眼光，简要介绍中国水利科学技术的起源和发展的基本脉络，讴歌中国古人治水、用水的不朽业绩，展现丰富多彩的水利文化。中国古代涌现了众多水利名家，如大禹、管仲、李冰、贾鲁、潘季驯、靳辅、陈潢等，他们在防洪治河、农田灌溉以及开发水利方面积累了丰富的经验，展现了中国古人治水、用水、管水、理水的传统智慧。他们主持开发的水利工程都极大促进了中国的历史进程，泽被后世，影响深远。

2020 年，水利部精神文明建设指导委员会办公室公布了一批“历史治水名人”。本书围绕 “历史治水名人”，坚持“人文水利”的理念，立足弘扬科学家精神，力图全方位呈现中国古代著名的水利工程中发挥作用的水利科学家和他们的感人事迹。比如，青少年普遍知道瑞士科学家伯努利和他对“束水攻沙”技术的解释，但是早在四百多年前，被誉为明代河工第一人的潘季驯就已经成功运用“束水攻沙”的治水思想和一系列技术创新，有效减少了黄河河患。伯努利在理论上解释“束水攻沙”技术，晚于潘季驯的治水实践 300 年。

本书采用学科交叉的方法，从中国古代科技典籍、历史文献、考古发现、诗词典故、科学家故事等方面梳理中华优秀传统文化中的水利成就，努力讲述中国古代水利科学家奋发有为的励志故事，凸显中华民族追求真理、勇于探索、勇敢勤劳、不畏困难的民族性格和文化底蕴，推动增强历史自觉，坚定文化自信。

编　者

2023 年 6 月

目　录

一、水利工程的起源与成就

在古代，人们靠天吃饭，大旱之年，收成会受到极大的影响，甚至庄稼绝收。久而久之，人们便想到开凿水渠，引水灌溉。我国水利灌溉的历史最早可追溯到大禹的时代。传说，大禹曾“尽力乎沟洫”。后来，商汤命伊尹教民在田头凿井灌溉。确有可考的人工灌溉的活动应出现在春秋后期，当时正由落后的“抱瓮而灌”，向比较先进的桔槔（jié gāo）汲水浇灌的方式转变。古人描述的桔槔特点是，“凿木为机，后重前轻，挈水若抽，数如泆（yì，同溢）汤”。这种简单的灌溉机械设备，相比“凿遂而入，抱瓮而出灌”的人力的方式，功效大大提高了。

优质的工程

为了促进农业生产的发展，战国时代的一些诸侯王很重视水利，尤其是大诸侯国为争夺霸权必须以强大的经济实力作为后盾。他们大兴水利，在建成的一批水利工程中，最有名的有魏国引漳灌邺的工程、秦国蜀郡的都江堰和关中的郑国渠等工程。而黄河下游的堤防建设也有了长足的发展，且规模不断扩大。这些堤防工程保障了下游地区的安全，扩大了农业生产，产生了巨大的效益，大大推动了社会经济的发展。

我国历史上最早的水库工程——芍陂（què bēi，今位于安徽寿县）为楚庄王（前613—前593）的令尹孙叔敖主持修建。芍陂与都江堰、漳河渠、郑国渠并称为我国古代四大水利工程。此外，像白起渠（又名武镇百里长渠、三道河长渠、荩忱渠）这样的工程是古人创造的一项军事水利工程，建设时间比都江堰水利工程还要早，它号称“百里长渠”，至今仍灌溉着湖北宜城平原30多万亩农田。建设大型水利工程对勘测、设计、施工和管理的要求都很高。要处理好洪水和淤沙对工程的影响，要把蓄水、引水和排水合理地结合起来，真正发挥水利工程应有的作用，诚非易事。

都江堰是岷江上的大型引水枢纽工程，始建于秦昭王末年（约前256—前251），是一座以无坝引水为特征的水利工程。都江堰的建成和长期使用，使蜀地一跃而成为“天府之国”。

郑国渠首开引泾灌溉之先河，除此之外，关中地区的水利工程还有灵轵（zhǐ）渠、成国渠、沣渠等。这些水渠形成一个灌溉网，对关中农业的发展发挥了巨大的作用。秦以后，历代继续在这里不断完善其水利设施：先后历经汉代的白公渠、唐代的三白渠、宋代的丰利渠、元代的王御史渠、明代的广惠渠和通济渠、清代的龙洞渠等历代渠道。甚至在1929年陕西关中发生大旱，想到的仍是引泾灌溉的方法。水利专家李仪祉在郑国渠的基础上修建新渠，1932年6月建成的泾惠渠可灌溉60万亩土地。20世纪50年代，国家对新老渠系进行了几次规模较大的改善调整与挖潜扩灌。1989年泾惠渠被列入关中三大灌区改造之一，灌溉面积超过百万亩。

优秀的人才

先秦时代的黄河就已称为“浊河”，汉时更有“一石水而六斗泥”的说法。据史书载：西汉黄河流经的河道是周定王五年（前602）形成的，由于黄河在浚县决口，发生了历史记载的首次大改道。春秋时期，黄河下游两岸已有修堤的记载，但较大规模的系统堤防是战国时期齐、赵、魏为了各自利益而修筑的堤防。秦统一六国后，对黄河下游两岸的不合理堤防进行过整修。至西汉末，黄河在固定的河床内行流了300

余年。当时魏郡境内的这条河道已形成了高出两岸地面的地上悬河。再者，两岸居民随意围垦黄河滩地，致使下游河道过度狭窄和弯曲，因此出现了一些较险的堤段。

在汉代的400多年的发展中，借助两岸堤防的约束，减少了河患的发生，经济发展得比较快。为了筑堤治河，沿河郡县要付出大笔的花费，每年仅黄河维修堤防开支至少要占全年财政收入的1/40。由此可以想见当时黄河下游的堤防规模。

因此，发展与堤防相关的埽（sào，河工用料）工技术是很重要的。早期的埽工被称为“茨（cí）防”，“茨”即芦苇和茅草类植物。最早提到“茨防”的是齐国稷下先生慎到（前395—前315）。他说：“法非从天下，非从地出，发于人间，合乎人心而已。治水者，茨防决塞，九州四海相似如一，学之于水，不学之于禹也。”

这里的“法”泛指方法或制度，所谓“法”并非从自然界（“天下”或“地出”）自发地产生，而是人类总结出的（“发于人间”），是经验的产物（“合乎人心”）。说到治理江河，特别是堵塞决口要用到“茨”，在天下都使用同样的方法（“如一”），要研究水利的理论，但不必机械地“学之于禹”。

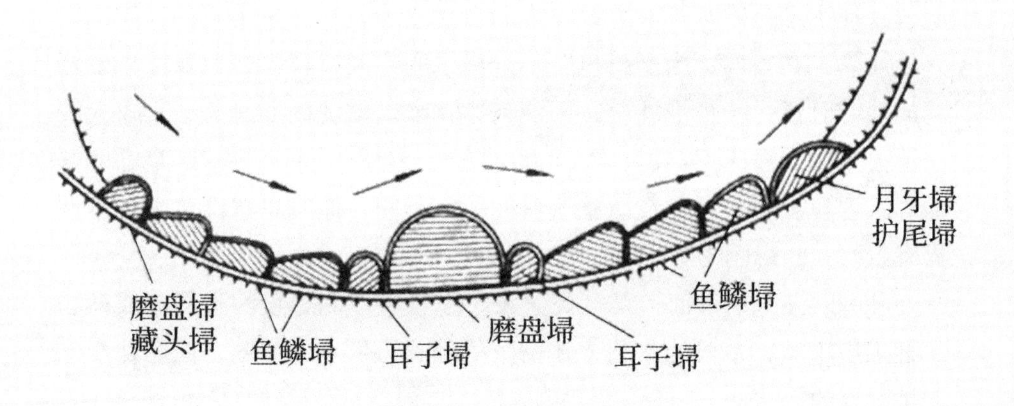

各种护岸的埽

堤防减轻了洪水的威胁，施行淤灌还为沿河民众带来肥沃的可耕之地。当黄河流域得到较好的治理与开发之时，规模较大的漕运和一些农田灌溉工程相继诞生，河防工程又得到进一步的加强。伴随对黄河的治理，涌现出一批治河名人，像郑国、西门豹、李冰和白公，以及贾让、贾鲁、潘季驯、靳辅和陈潢，还有苏轼和林则徐，等等；同时治河理论也丰富起来，代表人物有贾让和潘季驯。

西汉末，贾让提出的“治河三策”，在我国古代治河史上占有重要的地位。当时黄河下游的河道较为狭窄，并在堤防的束缚下使黄河走向较为曲折，加上泥沙的淤积使河床抬高，致使黄河决溢日渐增多。对此，贾让认为，治河必使河道“宽缓而不迫”。这是一种与社会发展和洪水变化相适应的治河观念。此后，东汉王景提出“理渠”的观点，即修高堤坝，修整分洪道。元代贾鲁也提出：有疏、有浚、有塞，疏与塞并举，并强调疏南道而塞北道，使黄河改流经南故道。

明代潘季驯对治河理论做了一次全面性总结，并提出“束水攻沙”的理论，对后世的治河工作产生了很大的影响。潘季驯的具体做法是，筑堤束水，以水攻沙，借清刷黄——巩固堤坝，缩窄河道，提高水速以冲走河沙，以及修筑分洪区。后世水利史家也都对潘季驯的贡献做出过很高的评价，如清康熙年间（1662—1722）的治河专家陈潢指出：潘季驯“以堤束水，以水刷沙之说，真乃自然之理，初非娇柔之论，故曰后之论河者，必当奉之为金科也”。近代水利专家李仪祉在论及潘季驯治河的功劳时说：“黄淮既合，则治河之功唯以培堤闸堰是务，其攻大收于潘公季驯。潘氏之治堤，不但以之防洪，兼以之束水攻沙，是深明乎治导原理也。”可见，在潘季驯后的400年间，他的思想仍对中国水利界有着巨大的影响力。

自古以来，治理河道乃利民之举，在各种水利建设的过程中成就了一批优质工程，古代的水利人才留下的经验可供今人借鉴，但愿此书能产生这样的教益。

二、远古时治水

远古之时，部落之间常常爆发战争，在《山海经》中记载：东夷部落首领蚩尤大量制造兵器，以征伐位于北部的黄帝。黄帝就命令应龙攻击蚩尤于冀州之野，蚩尤则请来风伯和雨师放出狂风暴雨。黄帝又让一位名叫“魃”（bá）的天女下凡，制止了风雨。应龙擒杀了蚩尤，又杀了帮助蚩尤的夸父，就迁到南方居住，南方因此便多雨水。旱魃不能回到天上，她所居住的地方是不会下雨的。周部族的首领叔均（即姬均）请求黄帝让旱魃离开，黄帝就将旱魃安置在赤水之北。叔均担任了田祖，疏浚水道，开通灌溉的沟渠。这是先民们对中国北方少雨干旱、南方多雨潮湿的自然现象的一种认识，还表现出一种略带神话色彩的朴素的自然观。到了大禹的时代，“禹别九州，随山浚川，任土作贡。禹敷土，随山刊木，奠高山大川”。大意是，禹测量土地，划分疆界，命名山川，带领众人行走于高山之间，砍削树木作为路标，以高山大河标定界域。因此，治理河川就成为领导者一种重要的政务。

洪水的故事

从“昔”字说起。“昔”字早在甲骨文中就被造出来了，但这个字有两种写法，除了“日”在下半边的写法，还有一个是把“日”字放在上半边。“昔”的上半部在甲骨文中被写成水流的样子，即两道水纹或三道水纹。“日”字在上，就像太阳照在汹涌的波涛之上；“日”字在下，就像波涛浸过了太阳的头顶。这个“昔”字的形状，包含着远古之人对于洪水滔天景象的描述，所以，当后人在追“昔”之时，呈现的就应该是所应铭记的洪水汹涌的样子，也就想起了洪水的可怕。

昔字甲骨文	昔字金文
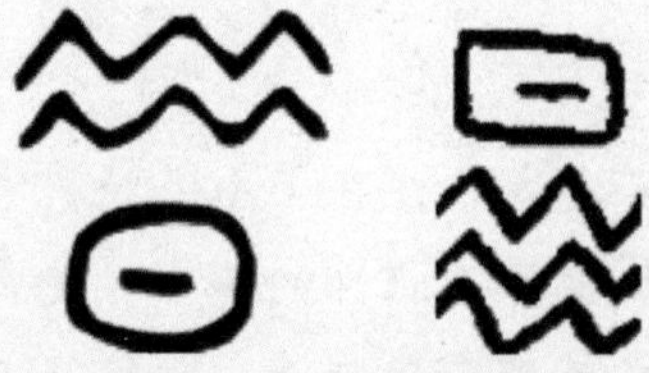	

古代的“昔”字

其实，世界上许多民族都有关于洪水的记忆，除了涂上神化的色彩，中国古人的记忆也是比较有个性的。稍晚些的记载比象形的“昔”的描述要复杂些和具体些。例如，在《书经·尧典》中记载的：“汤汤洪水方割，荡荡怀山襄陵，浩浩滔天，下民其咨。”大意是，洪水肆虐，把大地分割成一块一块的，洪水漫上山陵，波浪滔天，臣民百姓都在叹息。而对洪水的危害，以及洪水给人们留下的印象，特别要给“洪水”下个定义，《吕氏春秋》中说：“大溢横流，无有丘陵、沃衍、平原、高阜，尽皆灭之，名曰洪水。”这个词很形象，直到今天还被使用着。仅就黄河来说，其洪水泛滥仅史籍记录的就有1500多次，其中一些较大的水灾，要记下它的时间和地点以及所产生的灾情。例如，在汉成帝建始四年（前29）的黄河洪水灾害。馆陶等地大决口，泛滥至平原、千乘和济南等地，洪灾达到的地区共4郡32县，被淹没的土地达15万顷，毁坏的各种房屋也有4万多所。这次洪灾在《汉书·沟洫志》中有记载。

脩、熙、鲧治水

重视治水的金天氏

东夷地处黄河下游，位于今山东一带，经常遭受水旱灾害。干旱之时，黄河断流；而洪水泛滥之时，又是一片汪洋，冲毁一切。因此，东夷的一些部落很重视治水。金天氏少昊族群的某一部族五雉氏，手工业兴旺，他们推举的代表担任金天氏部族方国的工正（管理手工业）。金天氏的始祖名为“脩”，又是金天氏的水官，主管治水。他认真负责，一心为公。脩不幸在治水时溺死，以身殉职。东夷人便将他尊奉为水神“玄冥”，一直祭祀他的神灵。此后又由另一部族九扈氏的始祖“熙”继任水官。九扈氏擅长农牧，它的代表担任金天氏方国的农正（主管农业生产）。熙去世后也被东夷人尊奉为“玄冥”，可见东夷人对治水的重视。

陶唐氏帝尧在位之时，华北的气温比现在要高，雨水也多。这样的环境易生水灾，有时还很严重，使华夏人的生存条件很是艰难。“亚圣”孟子（孟轲，约前 372—前 289）描绘当时的境况是，洪水横流，天下泛滥。当时草木茂盛，禽兽也大量繁殖，而五谷收成却很差；禽兽逐人群，连中原也到处有禽兽的踪迹，这使帝尧忧心忡忡。在召开的华夏议事会上，大家推举有崇氏的鲧（gǔn，也写成鲧）负

帝尧像

责治水。帝尧认为，鲧这个人刚愎自用，会损害别的部族，有时还违抗上命。但是，帝尧尊重多数人的意见，命鲧负责治水工作。有崇氏是豫西一个古老的部族，当时也是一个方国，首府在今河南嵩县北，国君被称为“崇伯”。有崇氏地处黄河支流伊河和洛河流域之内。黄河泛滥，崇国首当其冲。他们在治理旱涝灾害的工作中也积累了丰富的经验。

当时，崇伯鲧负责治理流过帝尧都城平阳（山西临汾市）的汾河水患。汾河是黄河中游的一个较大的支流。据说，鲧从天帝那里取来“息壤”。这种“息壤”很神奇，填到水里会不断膨胀。一小块“息壤”就能填平一些很大的洼地。鲧采取填平洼地的办法来治水，必然会造成下游地区更大的洪水。因此，他治水 9 年，不仅劳而无功，而且到处生事，还加重了水灾。帝舜征得帝尧的同意，将有崇氏流放到羽山（在今山东郯城东北，一说在今江苏省连云港市赣榆区），后来成为东夷人。鲁南和苏北一带是金天氏国九扈氏部族分布的地区。九扈氏始祖名叫“熙”，崇伯鲧的字也叫“熙”。可见有崇氏已融合到东夷人之中了。

共工氏的故事

早在新石器时代初期（前 10000—前 7000），河北省保定市徐水区南庄头一带的先民就开凿出水沟，可见，中国人一开始经营农牧业，就很重视水利建设。

黄河从青海巴颜喀拉山北麓的雅拉山泽发源（今天确定为卡日曲河谷和古宗列盆地），在峡谷间奔腾了 4000 多千米到河南的平原地带（孟津县以下被称为下游）。由于地势平缓，雨季到来就经常酿成洪灾。于是治水英雄便在黄河中下游应运而生了。

传说中的共工氏是一位善于治水的部族的首领。相传，这个部族发祥并活动于今河南辉县市一带，南临黄河，北靠太行山，有肥沃的土地和丰富的水源。他们的地盘大致处在伏羲氏和神农氏部族各自活动的区域之间。那时的黄河流经孟津后再流向东北，从天津附近注入大海。后来，神农氏东进，共工氏部落作为华夏的土著部落逐渐融入神农氏的部落之中，所以共工氏也姓姜。但共工氏似乎与黄帝后的历代君主不能和平相处，先后与高阳氏帝颛顼（zhuān xū）、高辛氏帝喾（kù）和夏后氏帝禹争夺华夏的王位，共工氏部族都以失败告终。与帝颛顼的战争最为惨烈，使共工氏怒不可遏，以头碰触不周山，使得支撑着天穹的天柱折断，使悬挂大地的地维震绝。因此天穹向西北倾斜。这个“不周山”在昆仑山西北，并且是上达天界的唯一路径。

对于治水的工作，共工氏产生的问题比较多，也败得比较惨。据说，共工氏居住的地方是“七水三陆”的水乡泽国，由于黄河泛滥频仍，百姓苦不堪言。没办法，百姓在与水灾、干旱打交道的过程中也摸索出了一些较好的治水方法，甚至还把水作为“图腾”。共工氏有个下属的子部族，这个部族的始祖叫“后土”，以善于整治水土著称，死后被华夏人尊奉为“土地之神”——社，一直受到祭祀。

后土祠

后土娘娘

中国有个古老的信条，就是不能随意改变山川地势，以防止环境受到破坏，否则这种破坏可能贻害子孙。例如，不能随意将山削平、给河川筑堤防、把沼泽填高、将湖泊排干。要事先充分考虑到这样做的后果。而共工氏并不遵循这些古训，他们给百川筑上堤防。削平高地，填平低地，而不考虑可能造成的严重后果。他还把祸水引向下游，还借此来威胁、钳制一些部落。真是“不地道”啊！在有虞氏帝舜即位之后，共工氏甚至故意加重水害，以祸害下游一带的东夷人的一些部落。帝舜震怒，经过帝尧同意，将共工氏抓获并流放到幽州（今北京市、河北省北部和辽宁一带）的龚城（故址在今北京市密云区东北），后来演变为北狄部族。毫无疑问，整个部族遭到流放肯定是当时最严厉的惩罚了。

大禹治水

在将有崇氏放逐到羽山之后，华夏国家议事会起用鲧的子部族夏后氏的始祖大禹，让他负责治水。夏后氏继有崇氏之后发祥于豫西嵩山南麓的登封市一带。大禹继承和发展了有崇氏的治水经验，取得了当时华夏治水的佳绩。鲧治水时，堤防技术已有了重大发展，当时的筑城技术也已较为成熟。鲧将用于筑城的材料和技术用于筑堤，使堤防的修筑更趋于规范。如龙山文化期的河南淮阳平粮台、登封王城岗、郾城郝家台、安阳后岗、淅川下王岗、辉县孟庄，山东章丘城子崖、寿光王村、邹平

鲧治水图

丁公村、淄博田王村等古城址，已有城门和门卫房，或有护城河，大都是具有防御作用的城堡。将筑城技术运用于筑堤是不错的，但鲧错误地将筑城使用的“息壤”用来修堤筑坝。由于“息壤”是一种吸水后膨胀的土（估计是一种富含蒙脱石矿物的黏土），俗称膨胀土。它吸水后易挖、易夯，而脱水变干后又能变得很坚硬，但这种筑城的材料用来筑堤就不行了。因为干燥、失去水分的“息壤”就会产生大量收缩裂缝；遇到洪水，不仅裂缝漏水，而且土体吸水膨胀，不均匀的膨胀力将会造成堤坡坍塌，严重时更能直接导致堤身崩塌。但鲧并没有意识到。因此，他未经同意便窃取并使用“息壤”来筑堤，即所谓“鲧窃帝之息壤以堙水，不待帝命”，从而引来了杀头的罪责。过去，人们常把“鲧治水九载，绩用弗成”理解为：因鲧筑堤堙塞了河道，而招致了洪水的严重泛滥。其实，鲧治水还是有创新的，此后的大禹也正是在此基础上不断总结、发展，使治水获得成功。

大禹领导华夏人疏导河川，排除洪水，以减少灾害。禹的治水方法主要为“疏导法”，即“高高下下，疏川导滞”。也就是说，利用水自高处向低处流的自然趋势，按着地形的特点，把壅塞于河道的水流疏通，把洪水引入已疏通的河道、洼地和湖泊。大禹和共工、鲧是同时代的人。“疏导法”应是早期治水技术取得的

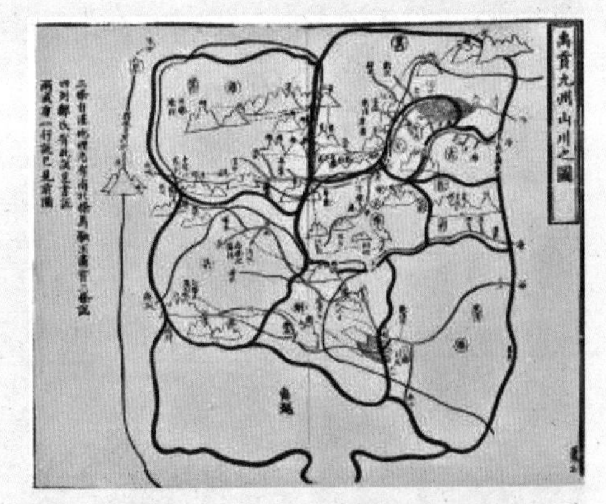

九州图

故宫中的大禹治水的玉雕

进步。这种方法通过除去水流中的障碍和增多泄水的去路而使洪水宣泄通畅。但在4000多年前，疏通和引导洪水要利用堤防，水利工程往往要使局部和部分堙塞的洪水就范。大禹“陂障九泽”，是把一部分洪水引入洼地拦蓄起来，蓄水滞洪，从而减轻洪水的威胁。另外，《山海经》中还记载了“禹卒布土以定九州”的说法。

与鲧相比，大禹筑堤堙塞洪水用的是土，并不用“息壤”。可见，大禹疏通水流是有所创新的。他们也筑坝蓄水，开凿沟渠并疏浚水道，借此灌溉农田。他动员民众并借助国家的力量来治理水患，并形成重视水利工程建设的优良传统，奠定了中国发展农业的基础。禹的功勋卓著，受到后世的尊敬和称颂。

大禹带领民众治水图

战国时代的墨子和他的门徒也以大禹为偶像，还记载了大禹治理舜都蒲坂（今山西永济市蒲州镇）水患的事迹。实际情况是，在山西西南部有一条涑（sù）水河，源出绛（jiàng）县太阴山，向西南流入伍姓湖，向下流入人工河道并通到黄河，全长约 170 千米。蒲坂正好位于人工河道入黄河处的北岸。涑水河的流量很小，枯水季节仍不会断流，但在洪水泛滥时会造成伍姓湖一片汪洋，就会严重影响蒲坂的安全。《墨子》书中的记载是，大禹带领民众从舜泽（伍姓湖）往西南开出了一条人工河道，紧挨着蒲坂以南通到西河（山西与陕西间的一段黄河），名叫“蒲渎”，以便将充盈舜泽中的水，通过蒲渎排入西河。这样，洪水来临，蒲坂也不会受淹。在帝舜时代（公元前 21 世纪），要开凿这样一条人工河道并非易事。

大禹陵

在组织民众兴修水利之时，大禹亲自拿着土筐和耜（sì）参加劳动，由于长时间与沙土和水流接触，以至于腿上的汗毛都被蹭光了。人们记下他在风雨中的带头苦干的风范，描述出他用大雨洗头，用大风梳头的场面。这就是栉风沐雨的由来。工程进行 13 年，他三过家门而不入，成为千古传颂、一心为民生的典范。

人们传扬着大禹的治水功绩，在有虞氏帝舜三年（前 2060），大禹被议事会推举为司空（主管土地，兼管土木等建筑工程），并担任副帝，协助帝舜总管一切。帝舜三十三年（前 2030），又推选大禹为摄政。帝舜五十年（前 2013），舜去世，大禹正式登上华夏帝位。大禹曾率军南下

大禹陵中的禹井亭

江汉平原，一举攻下三苗首府，兼并了这一强大的方国，使苗蛮人并入华夏文明的行列。他经略扬越，在举行诸侯大会时，大禹在会稽（今浙江绍兴）去世，便被葬在会稽。这里的大禹陵是后人凭吊大禹的一块圣地。到今天，中华儿女一直歌颂他的丰功伟绩，称赞他的高尚品德。大禹会稽之行也使夏后氏在那里扎下了根基，后来诞生的扬越人方国——越国，是大禹的后裔。可见，大禹已使华夏国家的势力扩展到长江中下游的更大地区。

大禹陵前的立像

三、灌溉工程

说到灌溉工程，关中一度是兴盛之地。从战国到秦汉的时代，前有诸代秦王在水利上建设的作为，后有汉武帝的作为，使关中农田水利工程发展更加知名，还专设官吏管理关中水利。司马迁评价当时关中的经济水平说："关中之地于天下三分之一，而人众不过什三，然量其富，什居其六。"在东晋、南北朝的战乱中，《水经注》所记的郑白渠各干渠全部断水，至唐代恢复，管理制度也较为周密，使诸渠仍发挥着灌溉的作用。

期思陂和芍陂

芍陂

早在春秋时期（前770—前481）的楚国，孙叔敖主持兴建了我国最早的大型引水灌溉工程——期思雩（yú）娄灌区。孙叔敖召集当地民众，利用大别山北坡的来水，在泉河和石槽河上游修建陂（bēi）塘，建成期思陂。具体的工程建设是，在河南省固始县境内史河东岸的黎集石嘴头开挖河口，引水向北，称清河；在史河下游东岸黄土沟柴家港开口引水，称堪河。清河和堪河两条渠河蜿蜒于史河和泉河之间的狭长地带；

区内有渠有陂，渠陂结合。另外，在固始县西曲河（今灌河）上段和中段，分别安闸筑坝，引水入陂入塘。又在固始县南急流和羊行等河段各设灌口，即“分流减势，次递疏导，安闸垒坝，筑陂筑塘，灌溉稻田”。这样既可防止下游的洪涝，又可供给下游灌溉，使“山溆之湍波”成为“沃壤之美泽”。2600 年来，老百姓深受福泽，美誉其为“百里不求天”的灌区。清河长 90 里，堪河长 40 里，可使灌溉得以保障，并经过后世不断续建、扩建，灌区内有渠有陂，引水入渠，由渠入陂，开陂灌田，形成了一个“长藤结瓜式”的灌溉体系。期思陂全长 263 千米，流域面积达 6880 平方千米。

期思陂的建成并投入使用，比魏国的西门豹渠早 200 多年，比秦国的都江堰和郑国渠也早 300 多年。这项水利工程，不但完工早，而且不论是渠址选择还是地势勘察、水量调节、排洪灌溉的设计，都达到较高的水平。这个灌区的兴建，大大改善了当地的农业生产条件，提高了粮食产量，满足了楚国对军粮的需求。因此，《淮南子》称：“孙叔敖决期思之水而灌雩娄之野，庄王知其可以为令尹也。”可见，孙叔敖因水利之功而当上楚相（令尹）的。

此后，孙叔敖继续推进水利工程建设，发动民众“兴水利”，并引淠（pì）河水入白芍亭东成湖。在楚庄王十七年（前 597），又主持兴办了蓄水灌溉工程——芍（què）陂。芍陂因水流经过芍亭而得名。工程在安丰城（今安徽省寿县境内）附近，位于大别山的北麓，东、南、西三面地势较高，北面地势低洼，向淮河倾斜。每逢夏秋季节，山洪暴发，形成涝灾，雨水较少时又会形成旱灾。孙叔敖根据当地的地形，组织修建工程，将东面的积石山、东南面的龙池山和西面六安龙穴山流下来的溪水汇聚在低洼的芍陂之中。此处还修建了 5 个水门，以石质闸门控制水量，“水涨则开门以疏之，水消则闭门以蓄之”。

孙叔敖像

这就能使天旱时有水灌田，还能在一定程度上避免水多时洪涝成灾。后来在西南面又开了一道子午渠，上通淠河，扩大芍陂的灌溉蓄水量，使芍陂达到“灌田万顷”的水平。芍陂建成后，使安丰一带的粮食生产发展很快，并成为楚国的重要农业区。

曹操提出屯田的主张

300 多年后，楚考烈王二十二年（前 241），楚国被秦国打败，考烈王便把首府迁到寿县，并把寿春改名为郢，亦称郢都。经过历代的整治，芍陂一直发挥着很大的作用。东晋时，灌区连年丰收，遂把芍陂更名为“安丰塘”。

东汉建初八年（83），水利专家王景任庐江太守，“驱率使民”，对芍陂进行了较大规模的修治。三国时期，曹魏在淮河流域大规模屯田，大兴水利，多次修治芍陂。建安五年(200)，扬州刺史刘馥在淮南屯田，“兴治芍陂以溉稻田”。建安十四年（209），曹操亲临合肥，亦“开芍陂屯田”。魏正始二年(241)，尚书郎邓艾大修芍陂，发挥出更大的效益，在芍陂附近又修建大小陂塘 50 余处，大大增加了芍陂的蓄水能力和灌溉面积。西晋太康年间（280—289），刘颂为淮南相，“修芍陂，年用数万人”，说明芍陂已建立了岁修制度。南朝宋元嘉七年（430），刘义欣为豫州刺史镇守寿阳(今寿县)，也大力修治陂塘堤坝，开沟引水入陂，对芍陂作了一次比较彻底

孙叔敖像

的整治，灌溉面积仍能达到万顷的水平。

北魏郦道元对芍陂记载较为详细。芍陂当时有5个水门：淠水至西南一门入陂，其余4门均作为放水之用，其中经芍陂渎与肥水相通的2个水门可“更相通注”，起着调节水量的作用。隋开皇年间（581—600），赵轨为寿州长史，对芍陂再次修治。将原有的5个水门改为36个。这使排灌区域得到很大的发展。东汉至唐代可灌田万顷，从宋明道年间（1032—1033），安丰知县张旨对芍陂又做了较大规模的修治。“浚淠河三十里，疏泄支流，注芍陂；为斗门，溉田数万顷；外筑堤，以备水患”。由于水道得到疏浚，灌溉面积达到历史最高的水平。其后斗门屡废屡建，至清末尚有28个。

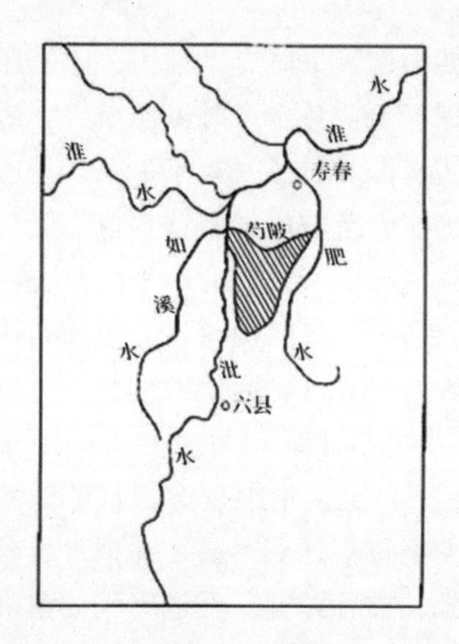

芍陂水系示意图

元代以后，安丰塘日渐萎缩，由于陂塘自然淤积，一些豪强势力还不断围湖造田，使陂塘面积日益缩小，日趋湮废。明清两代对芍陂的修治也多达24次。至近代，安丰塘仅长20余里，东西宽不到10里，灌田仅800顷。

芍陂的景色

中华人民共和国成立后，对芍陂进行了综合治理，开挖淠东干渠，沟通了淠河总干渠。芍陂成为淠史杭灌区的调节水库，现仍可蓄水7300万立方米，灌溉效益有很大提高。迄今2600多年，芍陂一直发挥着灌溉的作用。作为古代淮河流域著名的水利工程，今天，芍陂已经成为泾史杭灌区的重要组成部分，灌溉面积达到60余万亩，并有防洪、除涝、水产、航运等综合功能。2015年10月12日，在国际灌排委员会于法国蒙彼利埃召开的第66届国际执行理事会全体会议上，芍陂成功入选2015年的世界灌溉工程遗产名单。

都江堰渠首工程

为了治理岷江造成的水患，早在修建都江堰工程之前的二三百年间，古蜀国的名相开明和鳖灵就先后带领民众在岷江出山的地方开出过人工河道。

李冰像

在岷江由山谷进入冲积平原的地方，水速突然减慢，江水中所挟带的大量泥沙和石块就会沉积下来，导致河渠淤塞。这给河流行水和人工引水都带来诸多的问题，而都江堰渠首工程就与治水和引水有关。它位于四川省都江堰市城西，座落在成都平原西部的岷江上，是蜀郡太守李冰父子在前人的基础上组织修建的引水工程，至今灌区已达40余县市，灌溉面积超千万亩。这是一个年代最久且仍在使用、以无坝引水为特征的水利工程。

都江堰渠首工程是将岷江水流分成两条——内江和外江（岷江的主流），其中内江水流引入成都平原，可以引水灌田。渠首工程包括鱼嘴分水堤、飞沙堰溢洪道和宝瓶口进水口。

宝瓶口是一个有难度的工程。在进行实地勘察之后李冰发现，只有

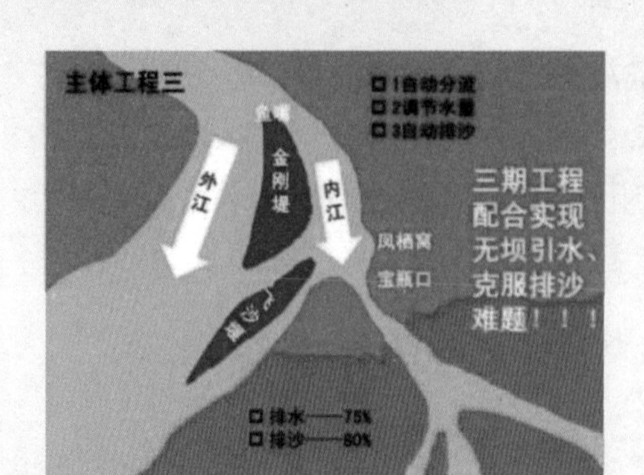

都江堰工程分水图

打通玉垒山，才能使岷江水流向东边，灌溉农田，解除干旱。在凿穿玉垒山的引水工程中，民工以火烧石，使岩石爆裂，终于在玉垒山凿出了一个宽20米，高40米，长80米的山口。取名“宝瓶口”，凿开玉垒山中分离开的石堆叫“离碓”或“离堆”。

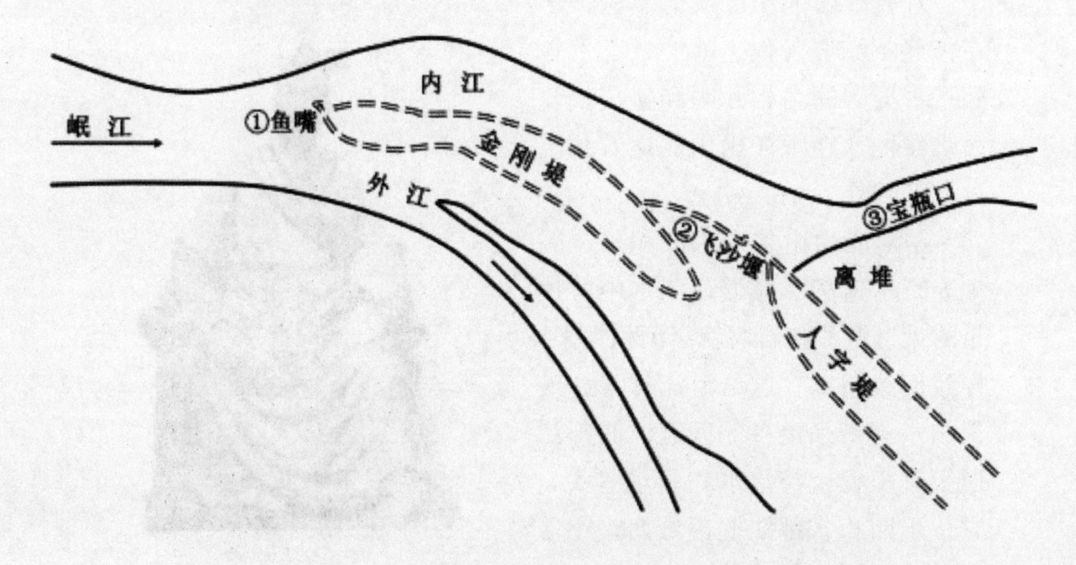

都江堰渠首诸工程示意图

分水鱼嘴是在岷江中修筑的分水堤，由于分水堤前端的形状好像鱼的头部，因此被称为“鱼嘴”。它将奔流的江水分为两支：西侧江水的一支被称为外江，它是岷江的主流；东侧江水的一支被称为内江，江水通过宝瓶口，被引入渠道。

由于内江窄而深，外江宽而浅，在枯水的冬春季节水位较低，则六成的江水流入内江，保证了成都平原的生产生活用水；而丰水的夏秋之时由于水位较高，六成的江水从江面较宽的外江排走。这种自动分配内外江水量就是所谓的“四六分水”。

飞沙堰是控制水量和含沙量入灌区的一个重要工程。由于宝瓶口外的地势较高，江水难以流入宝瓶口，李冰又在鱼嘴分水堤的尾部，靠着宝瓶口的地方，修建了分洪用的平水槽和飞沙堰溢洪道，以保证内江取水和行水正常。这样，可以控制流入宝瓶口的水量，防止出现流过灌区的水量不稳定的情况。

都江堰渠首的宝瓶口

飞沙堰还采用竹笼内装卵石的办法堆筑，堰顶高度比较合适，可起到调节水量的作用。当内江水位过高的时候，洪水就经由平水槽漫过飞沙堰流入外江，使进入宝瓶口的水量不致太大；此外，溢洪道前还修了弯道，江水可形成环流，加上流水撞到飞沙堰体会产生旋涡，借助离心作用，泥沙会被抛过飞沙堰，江水挟带的泥石便流入到外江，因此还可以有效地减少泥沙在宝瓶口周围的沉积，故取名“飞沙堰”。

都江堰渠首的飞沙堰

都江堰还包括百丈堤、金刚堤和人字堤等辅助工程。

渠首的奇妙组合

都江堰有 3 个渠首工程：开凿的宝瓶口具有引水的功能；筑就的分水鱼嘴具有分配水量的功能；堆垒的低堰让多余的水仍回到主流（外江）。都江堰所形成的江水自动分流（鱼嘴分水堤四六分水）、自动排沙（鱼嘴分水堤二八分沙）、控制引水流量（宝瓶口与飞沙堰）等功能，保证了灌溉用水和饮用水，而且避免了干旱和洪涝的水患。

然而，这样的“三合一”还具有了神奇的功能，如分配内江的水量是受到限制（或控制）的，混在江水中的泥沙也是受到限制（或控制）的。在冬春季江水量相对较小时，而外江与内江的水则是按着比例 4 ：6 分配；而在夏秋季水量相对较大时，外江与内江的则按 6 ：4 的比例分配。可见，从用水需求看，多了无用（甚至造

都江堰渠首工程示意图

都江堰渠首鸟瞰图

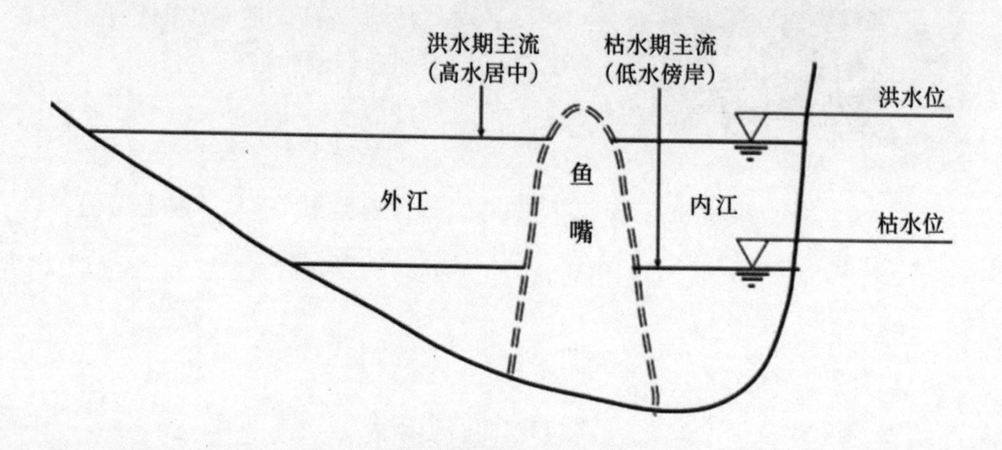

分水鱼嘴的原理图

成水害），少了也不行。这个分配不仅合适，而且这个可变的比例是最神奇的。

汉末时曾设置“都水掾”和“都水长”负责维护堰首工程；蜀汉时，国家又设堰官。此后历朝，以堰首所在地的县令为主管（类似“河长”）。到宋朝时，还制定了施行至今的“岁修”制度，在每年冬春枯水且农闲时，要断流进行维修和养护，这种制度也被称为“穿淘”。这时要修整堰体，替换竹笼，深淘内江的河道。淘滩深度以挖到埋设在滩底的石马为准，堰体高度以与对岸岩壁上的水则相齐为准。明代时使用卧铁代替石马作为淘滩深度的标志，现存 3 根一丈长的卧铁，位于宝瓶口的左岸边，分别铸造于明万历年间（1573—1619）、清同治年间（1862—1874）和民国十六年（1927）。

关于都江堰的名称，在建堰初期，都江堰周围的主要居住民族是氐羌人，他们把堰叫做“堋”，所以都江堰最初的名称叫“湔堋”（jiān péng）。这是因为都江堰旁的玉垒山最早叫“湔山”。三国蜀汉时期，都江堰地区设置都安县，因县得名，都江堰称“都安堰”，同时又叫“金堤”，这是突出鱼嘴分水堤的作用，用堤代堰作名称。

在唐代，都江堰改称为“楗尾堰”。因为当时主要是“破竹为笼，圆径三尺，以石实中，累而壅水”，即用竹笼装石，称为“楗尾”。宋代才第一次提到都江堰：“永康军岁治都江堰，笼石蛇决江遏水，以灌数郡田。”从宋代开始，把整个都江堰水利系统的工程概括起来，叫都江堰，以此表示整个水利工程系统，并被沿用至今。

马可·波罗像

前蜀武成元年（908），此地设灌州，明洪武九年（1376）改灌州为灌县，一直到 1988 年 5 月撤灌县为都江堰市。

李希霍芬像

元世祖至元年间（1264—1294），意大利旅行家马可·波罗曾抵成都，游览了都江堰。他在《马可·波罗游记》中记载:“都江水系，川流甚急，川中多鱼，船舶往来甚众，运载商货，往来上下游。”清同治年间（1862—1874），德国地理学家李希霍芬（Richthofen，1833—1905）来都江堰考察。他在《李希霍芬男爵书简》中设专章介绍都江堰，称赞“都江堰灌溉方法之完善，世界各地无与伦比”。

2000 年联合国世界遗产委员会第 24 届大会上，鉴于都江堰水利工程历史悠久，规模宏大，是一个集防洪、灌溉、航运于一身的综合工程，且与环境和谐结合，在历史和科学方面具有突出的普遍价值，都江堰被确定为世界文化遗产。

引漳十二渠

由于人口增多，要发展农业生产，解除洪涝灾害，改善生存环境，漳水十二渠就是为消除严重的水患灾害而兴建的。在漳水十二渠（“西门渠”）建成后，古漳河两岸盐碱地得到了改良，土壤肥力增加，粮食产量大为提高。可见，西门渠称得上是一项伟大的工程。它位于魏国的邺地，即今河北省临漳县邺镇和河南安阳市北郊一带。据《史记·滑稽列传》记载，“西

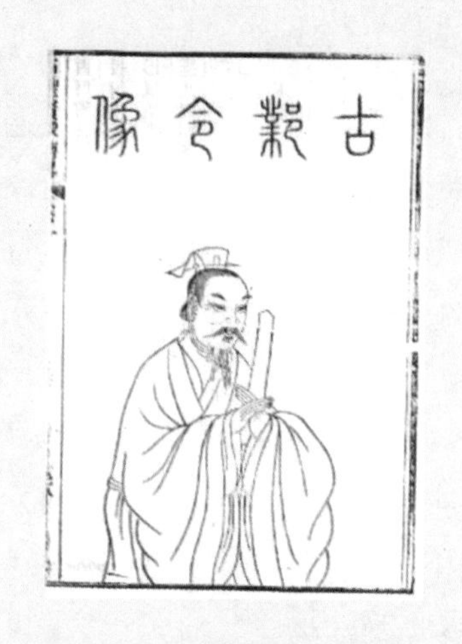

西门豹像

门豹即发民凿十二渠，引河水灌民田”。引漳十二渠是中国战国初期以漳水为源的大型引水灌溉渠系，灌区在漳河以南（今河南省安阳市北）。

引漳十二渠鸟瞰图

从目的上讲，西门豹设“十二渠，引漳水溉斥卤之田（即盐碱地），而河内饶足”。这里的“河内”即今黄河以北之地（包括河南、河北和山西部分之地）。由于漳水灌溉之地，“河内”已成为非常发达的农业地区。

西门豹庙遗址

西门豹建渠的方法是，“磴流十二，同源异口”。“磴”就是高度不同的阶梯。在漳河不同高度的河段上筑就12道拦水坝，这就是“磴流十二”。再从每一道拦水坝都向外引出一条水渠，所以说是“同源异口”。据记载，每个磴相距300步，连续分布在20里的河段上。这20里河段位于安阳县安丰乡渔洋村以下的20里河段，渠口开在拦水坝的南端，12条渠都在今安丰乡境内。

具体地说，第一渠首在邺西18里，相延12里内有拦河低溢流堰12道，各堰都在上游右岸开引水口，并建引水闸，共成12条渠道。灌区不到10万亩。漳水含很多泥沙，溉田时可以肥田，提高产量，邺地也因而富庶起来。东汉末年，曹操以邺为根据地，整修12道堰，并从此改名“天井堰”。

仍在发挥作用的万金渠

东魏天平二年（535），天井堰改建为“天平渠”，并成单一渠首，灌区也扩大了，后又改称为“万金渠”。渠首在现今安阳市北 40 余里的漳河南岸。隋唐时，这一带形成以漳水和洹水（今安阳河）为源的灌区。唐代重修天平渠，并开分支，灌田 10 万亩以上。到宋代，邺县附近的农业已衰落，至熙宁年间（1068—1077），邺县被降格为镇，并被并入安阳县。1959 年，在漳河上动工修建岳城水库，安阳市随后开挖漳南总干渠，引库水建成大型灌区——漳南灌区，仍发挥着灌渠的作用。

郑国渠与白渠

郑国渠和都江堰、灵渠并称为秦代三大水利工程。

在战国七雄中，秦国雄霸西部，并开始向东发展，而首当其冲的韩国却孱弱到不堪一击的地步，随时都有可能被秦国并吞。秦始皇元年（前 246），韩桓王在走投无路的情况下，想出了一个所谓“疲秦”的策略：

郑国像

郑国是一位卓越的水利专家，曾任韩国管理水利事务的水工（官名），参与过治理荥泽水患以及整修鸿沟之渠等水利工程。于是韩王把郑国派到秦国，游说秦国在泾水和洛水（北洛水，渭水支流）间穿凿一条大型灌渠，表面上是为了发展秦国的农业之用，而真实目的是要耗竭秦国的国力。

郑国受命入秦游说秦王政（即后来的秦始皇），便大讲凿灌渠以溉田的益处。他建议，引泾水东注北洛水以为渠。秦王采纳了郑国的建议，并由他来主持开凿引泾渠道的开凿工程。

郑国渠

这种企图消耗（“疲劳”）秦国的国力，勿使其伐韩的“阴谋”，不久便被察觉。秦人欲杀掉郑国，但是，郑国辩称，此渠凿成后毕竟对秦国发展农业是有利的，因此得以继续主持工程，历时 10 余年才完工。郑国渠的渠首设在瓠口（今礼泉县王桥镇上然村附近），从仲山（今陕西泾阳西北）引泾水向西到瓠口作为渠口，利用西北微高、东南略低的地形，沿北山南麓引水向东伸展，注入北洛水，引渠全长 300 多里。史书上载，“溉舄卤之地四万余顷，收皆亩一钟。于是关中为沃野，无凶年，秦以富强，卒并诸侯”。这里的“舄”同潟（xì），而“舄卤之地”就是盐碱地。由于渠水利用泾水含泥而有肥效的特点，灌溉农田，可淤田压碱，降低耕土层中的盐碱含量，可以变沼泽盐碱之地为良田。郑国渠可灌溉田地 4 万余顷（合今 280 万亩），使每亩可增产到一钟（6 石 4 斗，合今 100 余千克），使秦国大受其益。这大大改变了关中农业生产的面貌，关中成为天下粮仓，使八百里秦川成为富饶之乡，也赢得了“天府之国”的美名。粮食产量大增，直接支持了秦国统一六国的战争，也奠定了关中平原长期作为中国历史上社会、政治和经济中心的地位。

郑国渠的修建不但未能“疲秦”，而且使秦国国力更加强大，韩王的如意算盘落空了。这是令韩国人始料不及的。当然，也使韩国得以苟延残喘了几年。

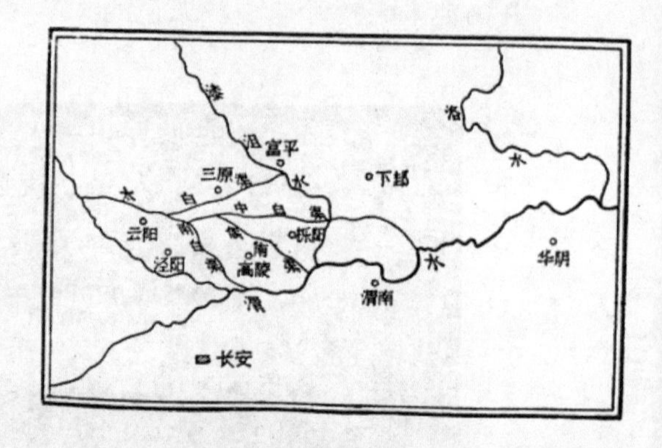

郑国渠系图

到西汉太始二年（前 95）赵中大夫白公向汉武帝建议增建新渠，引泾水向东，至栎阳（今西安市临潼区东北）注于渭水（后被称为“白渠”）。干渠长 200 里，灌溉面积 4500 顷。

郑白渠系图

为纪念白公功绩，该渠被命名为“白公渠”，泾阳县百姓习称“白渠”。为当地农业带来了巨大的效益。从公元前 95 年到 1106 年，白公渠是引泾诸渠中使用最久的一条。班固曾经在《西都赋》中说：“郑白之沃，衣食之源。”此后，郑国渠与白渠合称为“郑白渠”。

郑国渠与白渠的贡献为当世和后世的史家与普通民众所赞颂。例如，在《汉书·沟洫志》中记载当年广泛流传的一首民谣：“田于何所，池阳谷口。郑国在前，白渠其后。举函为云，决渠为雨。泾水一石，其泥数斗，且溉且粪，长我禾黍，衣食京师，亿万之口。”

2016 年 11 月 8 日，在泰国清迈召开的第二届世界灌溉论坛暨 67 届国际执行理事会，郑国渠申遗成功。这是陕西省第一处世界灌溉工程遗产。

荆轲献图中的陂渠

督亢陂位于今河北省涿州市一带，早在战国时代已经是一个灌区。为了刺杀秦王，荆轲借献地图来实施刺杀的计划，而这就是“督亢地图”。从这张地图可以看到，燕国献给秦国的土地是一块非常肥沃的土地。督亢地区大致包括今河北涿州市东南到高碑店、固安等地区，湖泽遍布。从战国到东汉，该地区的农业水平之高，与此地的水利之发达是有关的。“督亢陂”方圆50多里，还有一些被称为“督亢渠”的输水道。北魏孝明帝初年（516）之后，幽州刺史裴延俊主持修复的工作，使“督亢陂”和渠道与戾陵堰的渠道一起，可灌溉农田超过百万亩，获利甚厚。到北齐孝昭帝皇建元年（560）时，刺史嵇晔曾建议，“开幽州督亢旧陂，长城左右营屯，岁收稻粟数十万石”。借助督亢旧陂和渠道灌溉，使粮食产量大增，解决了军粮的供给问题。可见，“督亢陂”在很长时间内被维护保养，发挥着重要作用。

荆轲献图

在东汉，河北与北京的水利开发仍有很大的进展，这集中在3件事上。

第一件：东汉建武年间（25—55），渔阳太守张堪（字君游，著名科学家张衡是他的孙子）重视农桑，在狐奴县（今北京市顺义区北小营北村前、狐奴山下）境引白河水开稻田8000多顷，这是北京地区种植水稻的最早记载。可谓开风气之先。张堪是南阳宛县（今南阳市）人，刘秀登基后，张堪由于被举荐而做官，曾随军征伐蜀地，得胜之后，安抚百姓，受到蜀地吏民的欢迎。张堪后又随军征伐匈奴，曾被任命为渔阳太守。百姓感念张堪的恩德，便编了歌谣赞颂他："桑无附枝，麦穗两歧。张君为政，乐不可支。"

云台将王霸

第二件：与张堪同时的王霸利用温水解决漕运的问题。王霸是刘秀的部将——云台将，曾担任上谷郡太守。他与匈奴和乌桓（又叫乌丸）交战上百次。建武十三年（37），王霸上书朝廷，建议从温水运输漕粮，"以省陆转输之劳"。王霸说的"温水漕"，在《水经注》中有记载，"温余水出上谷居庸关，又东过军都县南，又东过蓟县北。益通以运漕也"。军都县的治所在今昌平区西南，而蓟县（今天津市蓟州区）在今北京城区的西南。而"温水"或"温余水"就是今温榆河。可见，这个"温水"就是一条用于运输漕粮的河流。后来，在元代郭守敬开凿通惠河之前，就曾利用温榆河修建双塔漕渠和坝河漕渠，可把包括了粮食在内的各种物资直接从通州运到昌平。

第三件：曹操开凿平虏渠和泉州渠。这是在北京地区人工开凿的第一条人工运河。东汉末年，今辽宁地区的乌桓入侵幽州，使北京诸郡陷入战乱。官渡之战后，袁绍战败，袁绍之子袁尚逃入乌桓地区，且屡屡侵入河北地区。曹操欲完成统一大业，南下征伐刘表和孙权之前，要先平定北方，并决心征讨乌桓。从《三国志·武帝纪》中的记载看，建安十一年（206）开凿平虏渠和泉州渠。而在《三国志·董昭传》中讲得更加明确，开凿这两条渠是因为"患军粮难致，造平虏、泉州二渠入海通运，昭所建也"。

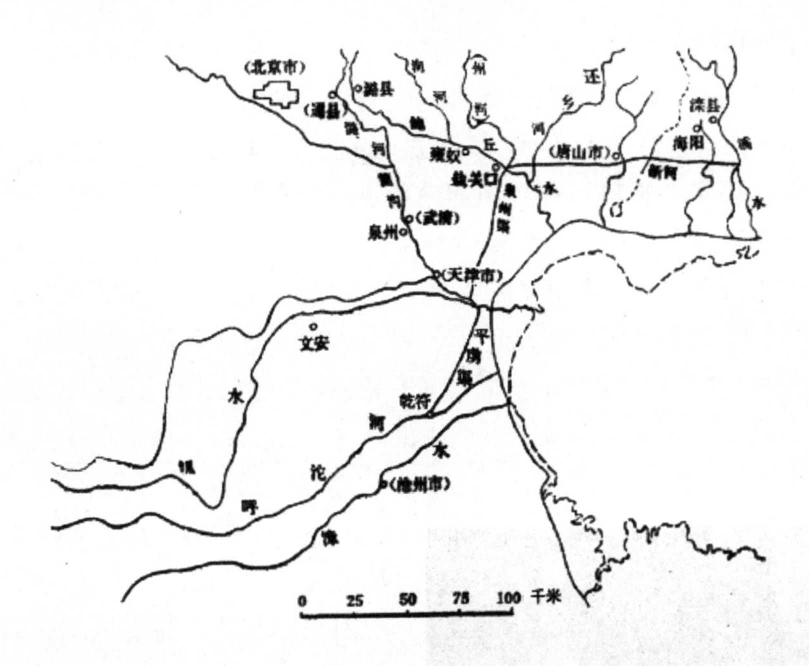

平虏渠、泉州渠、新河示意图

龙首渠与坎儿井

龙首渠位于陕西省，是第一条地下水渠(暗渠)，它是今洛惠渠的前身。大约在元朔到元狩年间（前 128—前 117）。有一个叫庄熊罴（也写作“严熊”，因避汉明帝刘庄的名讳，改“庄”为“严”，又省去了“罴”字）的人向汉武帝上书，建议开渠引洛水灌田。从今陕西澄城县状头村引洛水灌溉今陕西蒲城、大荔一带田地。他说，临晋（今大荔县）的百姓要开挖一条引

龙首渠遗址

洛水的渠道以灌溉重泉（今蒲城县东南）以东的土地。如果渠道修成了，就可使1万多顷的盐碱地得以灌溉，收到高产的效益。汉武帝采纳了建议，为此征调1万多人开渠。工程要在临晋上游的征县（今澄城县）境内开渠，可是在临晋与征县间却横亘着一座东西狭长的商颜山（今铁镰山）。穿越商颜山曾计划采用明渠，但由于山高40余丈，均为黄土覆盖，土质疏松，开挖深渠容易塌方，因此不能采用一般的施工方法。工程人员便发明了"井渠法"，使渠道从地下穿过7里宽的商颜山。有记载说："井下相通行水，水颓以绝商颜，东至山岭十余里间"。"井渠之生自此始"，是隧洞施工方法上的一个创新，并开创了后代隧洞竖井施工法的先河。

坎儿井

为了穿越商颜山，如果只从两端相向开挖，施工面较少，洞内通风和照明也有困难。为此，在中途多打几个竖井，既可增加施工的工作面，加快施工的进度，也可改善洞内的通风和采光。施工中需要高水平的测量技术，要准确地确定渠线和竖井位置，这是有一定难度的。由于在施工中掘出"龙骨"（动物的化石），因而渠道被称为"龙首渠"。

经10余年的施工，龙首渠建成，可惜并未实现原定的设想。失败的原因可能是由于当时"井渠"内未考虑加衬砌层，在井渠通水后，黄土遇水坍塌，导致工程失败。

此外，在山西汾水的下游，也有开渠之举。汉武帝元光六年（前129），河东太守番系为了解决漕运的困难，建议开发今山西西南一带的荒瘠土地。他采取了些措施，如引汾水灌溉皮氏（今山西河津市西）和汾阴（今荣河县北）的田地，同时引黄河水灌溉汾阴和蒲坂（今永济县）的田地。他估计，在渠道修成后，引黄河可灌田 5000 顷，得谷 200 万石以上。这些谷物可从渭水运往长安，从而避开了三门峡的危险。这个建议得到汉武帝的批准，当时征发了数万人动工开渠。修成的渠被称为“番系渠”。可是渠道建成后用了不多几年，黄河主流变道离开渠口，使渠道无法引水，这一带田地就又荒废了。不过番系的想法很好，日后解决了引水的问题之后，这一带灌溉重又发展起来。

今天，新疆地区仍然用这种井与渠相结合的办法修建灌溉渠道，称为“坎儿井”。

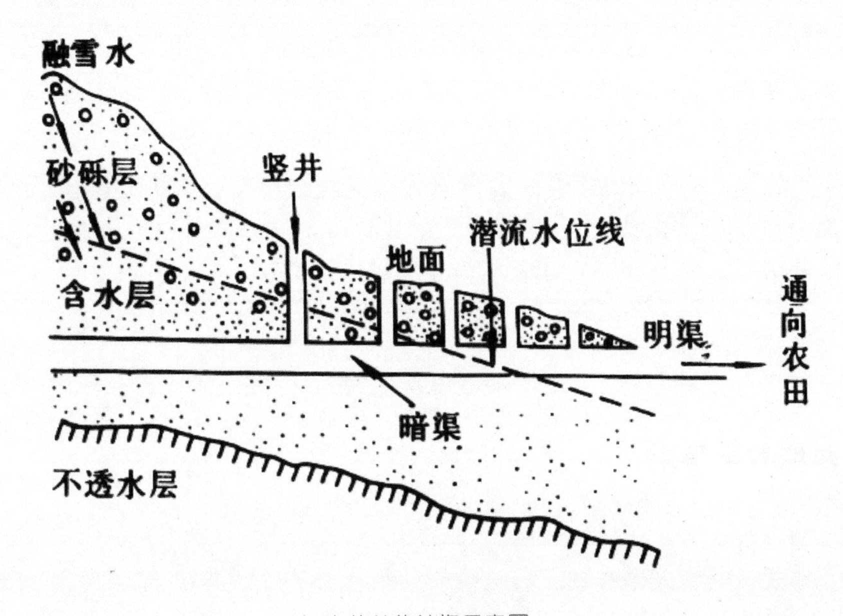

坎儿井的结构示意图

坎儿井是干旱地区民众创造的一种地下水利工程，也被称为“井渠”。人们利用山体的自然坡度，将春夏季节渗入地下的大量雨水、冰川及积雪融水用坎儿井引出地表进行灌溉，以满足沙漠地区的生产、生活用水。一个完整的坎儿井系统包括 4 个主要组成部分，即竖井、暗渠（地下渠道）、明渠（地面渠道）和错现（小型蓄水池）。通常，坎儿井流量稳定，且能保证井水自流灌溉。这也形成新疆水利灌溉系统的一大特色。

新疆吐鲁番自古有“火洲”或“风库”之称，气候极其干旱，使吐鲁番的植被稀少。有水源，才会有绿洲，才会有人群。吐鲁番人利用了坎儿井，把融化后渗入吐鲁番盆地下的天山雪水用坎儿井引流出来，应用于生产、生活。可以说坎儿井是绿洲文明的源头，没有坎儿井就没有吐鲁番及其绿洲文明。

关于坎儿井，还与林则徐有些关联。林则徐曾被流放于新疆地区，他在这里兴修水利，开荒屯田。他协助伊犁将军布彦泰开垦红柳湾、三棵树、阿勒卜斯等处的荒地。道光二十四年（1844），布彦泰让林则徐负责垦复阿齐乌苏地亩工程。为了垦复这里的废地，林则徐首先解决水利的问题，将原有的喀什河引水渠道拓宽加深，并开挖新渠引入阿齐乌苏东界水源，新渠名为“阿齐乌苏渠”（后称“湟渠”）。林则徐还带头承修了湟渠最艰巨的龙口工程。至今，伊犁人民仍习惯将“湟渠”称为“林公渠”。随后，林则徐奉命前往南疆履勘垦地，其勘田 60 余万亩，大都分给了维吾尔族农民耕种。又转赴吐鲁番、哈密勘垦，在托克逊伊拉里克推广坎儿井。人们为纪念他的业绩，称之为“林公井”。

戾陵堰和车箱渠

北京早期的大型水利工程——戾陵堰出现在 1700 多年以前，位于石景山区西北部的麻峪村南永定河上。

曹魏嘉平二年（250），镇北将军刘靖在幽州开拓边守，屯据险要。为发展农业生产、解决军粮问题，刘靖亲自筹划，组织军士，在今石景山的永定河中筑堰，并开挖水口和车箱渠。《水经·鲍丘水注》引《刘靖碑》记述，该工程“长岸竣固，直截中流，积石笼以为主遏，高一丈，东西长三十丈，南北广七十余步。依北岸立水门（即引水口），门广四丈，立水十丈”。这里所说的“积石笼以为主遏”，讲的是构筑堰体的基本材料和方法。堰（即“遏”）是构筑在河水中较低的拦水坝，有分流和溢水功能。由于堰拦腰挡住了河水，抬高了堰以上河水的水位。这就可把河水引入人工开挖的引水口和渠道；又由于堰体较低，多余的河水可以从堰的顶部漫溢而过，仍归入下游的河道。这种堰与都江堰中的飞沙堰的作用相同。

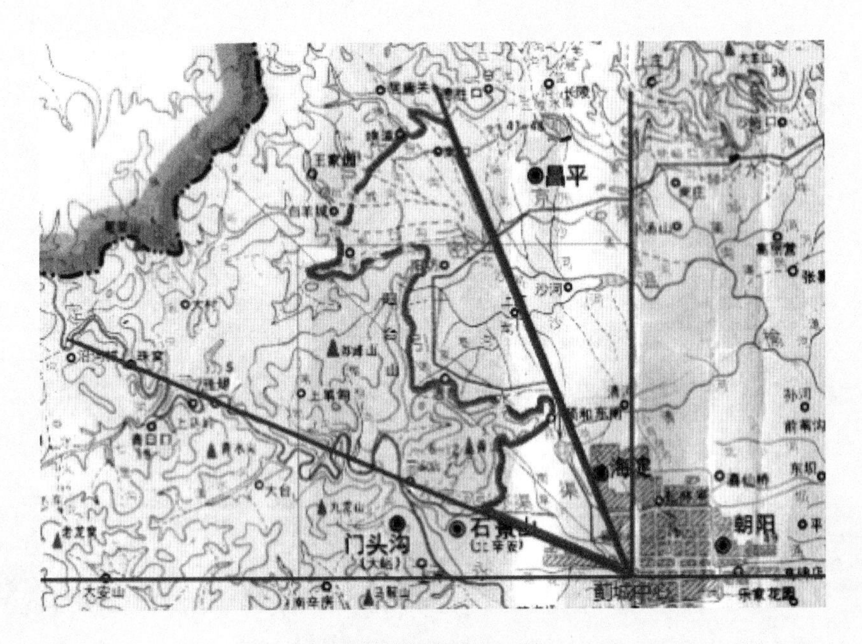

戾陵堰在蓟城西北

编织笼的材料，工程人员往往都是就地取材。永定河流域盛产的柳条和荆条，可用这些材料编织成笼，装入河床中的大块石料，再将这些石笼按下宽上窄的形制纵横咬合排列成堰体。这样，从引水口分流河水进车箱渠向东注入高梁河。“山水爆发，则乘遏东下。平流守常自北门入。灌田，岁二千顷。”由于这个堰的位置在戾陵（西汉时期燕王刘旦墓）附近，所以称为“戾陵堰”，亦称“戾陵遏”。刘靖去世之后被追赠为征北将军，晋时又被封为成乡侯，谥号“景侯”。

以后西晋、北魏、北齐和唐代都在此基础上整修过督亢陂、戾陵堰和车箱渠等工程，发展水田，成效显著。

曹魏景元三年（262），樊晨奉命改造戾陵遏水门，使水流量加大，河水从车箱渠东流经蓟城西北，过昌平到渔阳潞县（今通州东），灌溉田地万余顷，为刘靖时灌溉面积的5倍。

晋元康四年（294），幽州上谷地区发生两次大地震，戾陵堰受损。元康五年（295）夏，漯（lěi）水发生洪水，将戾陵堰大部分冲毁。骁骑将军、平乡侯刘宏（刘靖的幼子刘弘，清朝为避乾隆皇帝的讳，改成宏）继承父业，统领幽州各路人马，亲临山川指挥，命部将和士兵，“兴复利通塞之宜，准遵旧制，凡用功四万有余焉”。当时，还有不召自至者数千人，经过“起长岸，立石渠，修立遏，治水门”，使戾陵堰恢复原有功能。

永定河的生态

北魏孝明帝年间（516—528），幽州地区一度“水旱不调，民多饥饿”。当时的幽州刺史奏请朝廷重新营造戾陵堰工程。得到批准后，刺史亲自考察地形水势，仔细筹划，终于重建戾陵堰，继续发挥作用，灌溉农田达百余万亩。

永定河上的卢沟桥和数不清的石狮子

永定河有“小黄河”之称，汹涌河水中的大量泥沙，被拦挡在堰体之下，要定期清理，否则堰和渠内都会被沉积的泥沙淤塞。从曹魏嘉平二年（250）到北魏孝明帝年间，戾陵堰及与之配套的车箱渠水利工程前后存续了300多年，每年可浇灌农田百余万亩，使农民得到实惠，促进了流域地区经济的发展。北魏以后，利用戾陵堰的水利工程尚有两处。据史书载，“导高粱水，北合易京，东会于潞，因以灌田，边储岁积，转漕用，公私利焉”。到唐代，尚可“引卢沟水，广开稻田数千顷，百姓赖以丰给”。

永定河、潮白河流域在辽代是主要农业区。元代以后，国家财政收入寄望于东南，京师附近农业也渐凋敝。元朝的虞集和脱脱、明朝的丘浚、徐贞明和徐光启等人试图在北京附近大力开展农田建设，解决南粮北调问题。结果因缺水以及权贵的阻挠，未能实现。宋代为阻止辽军南下，曾在辽宋界河以南、从保定至海的几百里狭长低洼的塘泊地带内，浚沟洫，置堤堰，开辟稻田，以达到既解决军粮又起军事防线的双重目的。虽曾收到短期效果，但由于战争不断，再加上黄河屡次北决，堤防破坏，水害不断。元、明以后，卫河淤高，积水下泄无路，致使土壤盐碱严重。清代雍正三年至七年间（1725—1729），在和硕怡贤亲王允祥的主持下，曾在海河平原上大力开发水利，设立京东、京西、京南、天津四局，开辟公私营田，取得一定效果，但未能持久。雍正八年（1730）五月允祥逝世，“司局者无所承禀，令不行于令牧，又各以私意为举废”。水田之事也被罢废。

潮白河水系

刘靖碑中的“错儿”

“刘靖碑”的全文被载入《水经注·鲍丘水》之中。在《水经注·灅水》中记载：在蓟县故城，“大城东门内道左，有魏征北将军建成乡景侯刘靖碑，晋司隶校尉王密表靖，功加于民，宜在祀典，……扬于后世矣”！

在刘靖碑中不只是宣扬刘靖的功绩，“宜在祀典”。而在“元康五年（295）十月十一日，刊石立表，以纪勋烈，并记遏制度，永为后式”。

刘靖到任之后，兴修水利工程，亲自登上梁山考察地形，在梁山一侧的灅水之上修拦河坝，名为“戾陵堰”或“戾陵遏”，开凿车箱渠。这就可将灅水东引入高梁河，借此水利工程可灌溉蓟城南北的农田。

据说，刘靖兴修水利的动机是“嘉武安之通渠，羡秦民之殷富”。这里的“武安”是秦名将白起的封号——“武安（君）”。当然，这里

戾陵堰和车箱渠示意图

说，白起像郑国等人一样修渠，使“羡秦民之殷富”并不准确，因为白起是在湖北境内修渠——“白起渠”，而这个水渠是白起的一个计谋，即“以水代兵”，水淹楚国鄢城（今湖北宜城市郑集镇楚皇城遗址）。这个白起渠实际上是一条“战渠”，但后来演变为一条著名的农田灌溉用的水渠。后世水利史家考证，之所以会有这个错误，是由于在关中平原上，汉武帝时的赵中大夫白公，“引泾水，首起谷口，尾入栎阳，注渭中，袤二百里，溉田四千五百余顷，因名曰白渠，民得其饶”。可见这位“白公”比白起晚了上百年。

尽管搞错了，但两位白氏都在水利建设上有所贡献，把刘靖的水利之功不管比之于哪个白氏都是合适的，特别是使“民之殷富”的理想是应该受到赞赏的，立碑者的初衷也是明确的。

刘靖因功绩（估计还应该有军事上的功劳）受到朝廷的封赏。十多年后，朝廷又派樊晨来督修工程，充当“谒者”（类似于后世的都水监），兴修水利。

樊晨在任上“更制水门，限田千顷，刻地四千三百一十六顷，出给郡县，改定田五千九百三十顷”。大意是，要从屯田中划拨出（“限”）千顷田，一共划出土地 4316 顷，交给地方的百姓耕种。重新核定的屯田仍然可达 5930 顷。两者加起来，可达万顷。这说明，樊晨改造过的车箱渠可灌溉万顷以上。这个工程可以说既收获于当时，又施惠于后世。

四、古代的水文

水文指的是自然界中水的变化和运动的各种现象。建设水利工程，第一需要的是淤灌河渠的来水量，如水流的总量和分布，所发生的洪水的次数，洪水的成因，河水中的泥沙含量，以及各种重要的数据，诸如此类的观测与研究就构成了一个重要的学科——水文学。在中国，水利工程的建设历来受到重视，在这些工程建设中，也留下了一些水文资料。

在古代，为了满足灌溉或人畜饮用水的需求，要从江河中分流来取用之。为了这种分流，必须有一定的高程差，而后还要注意取水的多少，要注意并防止取水过多而成灾，因此要控制好取水的量。就水文数据的测量器具看，为了使测量更准确和更可信，早在先秦就制定了包括商鞅量在内的度量衡标准的确定。此外，也重视量雨具和量雪具的确定与制作。关于黄河水位变化，在宋代景祐二年（1035），人们开始竖立木尺，以测水位的变化。由于南方的降雨量更大，理应更加重视水位测量，以监督大江大河的水位变化。这些水文资料对于防范涝灾发挥着一定的作用，而且在今天仍受到人们的重视。

商鞅量

持久的水文记录

据古书上的描述，大禹在进行水利工程测量时，要跋山涉水，走在陆地上就乘车，遇水路就乘独木舟，过沼泽地乘泥橇（qiāo），爬山还要穿登山鞋。他在测定山川的高度和深度时，左手拿着水准仪和绳子，右手拿着圆规和角尺。他事必躬亲，要作好各种具体的工作（如设计），这些工作对发展几何知识也有所贡献。

泥橇

洪灾大多发生在秋季，为此庄子说过，“秋风时至，百川灌河”。秋季是洪水易发的季节，部分是由于大量流水汇集在河道之中造成的。以黄河为例，在七月和八月雨量较为集中，往往发生河水暴涨。因此，人们在入夏之后要为防洪抗灾做好充分的准备。

古人对这些水文知识是有认识的，为了探索洪水发生的规律，使水流与物候变化关联起来看，人们还能做出一些表面的说明，如在《宋史·河渠志》和《河防通议》中有所解释：

正月称为信水。

二、三月称为桃花水。

四月陇麦结秀为之变色故谓之麦黄水。

五月瓜实延蔓故谓之瓜蔓水，朔方之地，深山穷谷，固阴沍（hù）寒冰坚，晚泮逮于盛夏，消释方尽，而沃荡山石，水带矾腥，并流入河。

六月谓之矾山水（今土人常候夏秋之交有浮柴死鱼者谓之矾山水，非也）。

七月、八月菼（tǎn，荻也）薍（wǎn）花出谓之荻苗水。

九月以重阳纪候谓之登高水。

十月水落安流复故漕道谓之复漕水。

十一月、十二月断凌杂流乘寒复结谓之蹙凌水。

古人甚至能从水流变化之中找出一些规律，如“水信有常”的看法。这种带有描述性和规律性的知识也与水文观测关联着，如今天仍在使用的“秋汛”“伏汛”“凌汛”和“桃汛”等词汇。而这些就是宋代“举物候为水势之名”（《宋书·河渠志》）演化而来的，即“说者以黄河随时涨落，故举物候为水势之名：自立春之后，东风解冻，河边人候水，初至凡一寸，则夏秋当至一尺，颇为信验，故谓之‘信水’”。古人记载的像在立春之时在水边“候水”、等待“信水”这些水文知识都是很有价值的。

由人们积累的经验可知，在冬季雨雪积累，渗入地下者较多，春暖花开之际使江河有所上涨，夏秋时雨量大增，江河的变化更加明显。从这种水文情况的变化看，也包含告诫之意，如果人们在“候水”之时发现异常，这或许会在当年出现气候的异常，应该事先作好准备。在《河防通议》中关于“矾山水”特点的记录，即“沃荡山石，水带矾腥，并流入河”。而且只要出现这种“矾山水”，就要组织防汛工作，组织人员沿河巡防。另外，这种“矾山水”还显示着，水中含有大量的肥料，可用于淤灌肥田。据说，在北宋神宗朝王安石变法之时，许多地方已经开始利用“矾山水”来进行淤灌。

量雨器与量雪器

我国的雨量观测可追溯到公元前 13 世纪的殷商时代，从河南安阳殷墟出土的甲骨文中记载了有关雨量的文字，已有小雨、大雨、急雨的定性描述。此后，中国人从南宋开始观测和记录雨量，至明代永乐年间及其后若干年仍在继续观测。

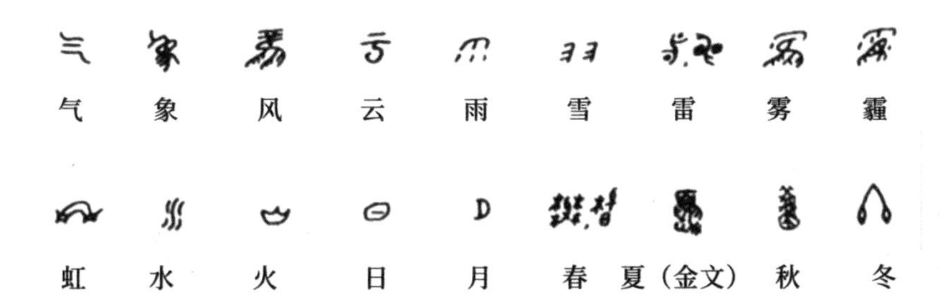

在甲骨文中反映气象的字

关于降雨与降雪的记载，在汉代就比较多了，如《汉书》上记载，元鼎三年（前 114）的特大冰雪，“三月水冻，四月雨雪，关东十余郡人相食”；后元三年（前 161）又发生特大降雨，“秋，大雨，昼夜不绝三十五日，兰田山水出，流九百余家，淹坏民室八千余所，杀三百余人”。类似的记述在史书中并不鲜见。又如《后汉书》中载，“自立春至立夏，尽立秋，郡国上雨泽”。由此可见，在当时，各地都组织对雨量和雪量的测量，并且要逐级上报到朝廷，各级恐怕都要立档备案吧！

古代测量雨量的工具——圆罂

为了测量和计算降雨量和降雪量，在一些数学专书中有一些相关的题目。最早的记载是在宋代数学家秦九韶（字道古，1208—1268）的《数书九章》中，在卷四中有“天池测雨”“圆罂测雨”“峻积验雪”和“竹器验雪”等题目。所谓“天池”“圆罂”“峻积”和“竹器”都是用于测量降雨量和降雪量的器具。

以“天池测雨”为例，

> 问：今州郡都有天池盆以测雨水，但知以盆中之水为得雨之数，不知器形不同，则受雨多少亦异，未可以所测，便为平地得寸之数，假令盆口径二尺八寸，底径一尺二寸，深一尺八寸，接雨水深九寸。欲求平地雨降几何？
>
> 答曰：平地雨降三寸。

由此可见，在12世纪，中国关于雨雪的测量已成制度。从秦九韶的题目看，这些从事观测的人是应该受到一些训练的，甚至从后来的记载看，也应该是很严格的。

清代测雨台

清雍正二年（1724），北京开始逐日记录天气和降雨、降雪起止的时间、雨雪大小的定性描述，称《晴明风雨录》，直至光绪二十九年（1903）停记，共连续记录180年。长江流域最早的降雨观测为明洪武十八年（1385），在南京鸡鸣山观象台进行。最早有连续记载的雨量站是上海徐家汇观象台，建于清同治十二年（1873），由天主教堂兼办。

清乾隆元年（1736），中国绘制乾隆元年二月初二至初五的降雨等值线图。清道光二十一年（1841），俄国人在北京进行连续降水量观测及其他气象观测，直到光绪九年（1883）止，中国开始引用西方技术作长期连续观测和记录降水量，并最早建测站。其后，一些外国人凭借其取得的在华传教和通航的特权，在中国沿海及内地相继由教堂、海关设立测候所观测降水量：如香港（1853）、上海（1873）、汉口（1880）、福州（1880）、温州（1883）、北海（1885）、九江（1885）、烟台（1886）、镇江（1886）、台中（1891）等地，均先后由外国人进行观测。

测水流量的方法

都江堰用来观测水位的石人

中国很早就有有关流量测量的记载，以都江堰工程为例，在都江堰，李冰制作石犀放在内江中。此后又放置石人，但石犀和石人的作用不同。石犀埋的深度是作为都江堰“岁修”时清除淤沙深度的“量”，在“深淘滩”时作为参照。这可使河床保持一定的深度，以保证河床安全地通过比较大的水量。可见当时人们对流量和过水断面的关系已经有了一定的认识和应用。

宋代，石人的标记演变为刻画水则（用水尺）。根据《宋史》的记载，此时的都江堰水则刻在离堆的岩壁上，共10则。水位达到6则就能满足灌溉需要；超过6则，内江水量开始从飞沙堰和人字堰溢洪道排到外江。此后，这几个石人就倒入江中，无人过问，可能觉得这些石人没有什么用处了吧！

都江堰的“深淘滩”

在都江堰，元代人将水则刻在斗犀台下的3道岩石壁上，显示的刻度共11则。斗犀台的水则的刻度为两则之间相距为尺，如果“水及其九则民喜，过则忧，没其则则困”。这比“竭至足”与“盛至肩”的说法要精确些。明代万历年间（1573—1620），都江堰的水则被迁移到宝瓶口，并由11则增至20则。清代乾隆乙酉年（1765），用条石重新刻划水则，共24则，并沿用至今。

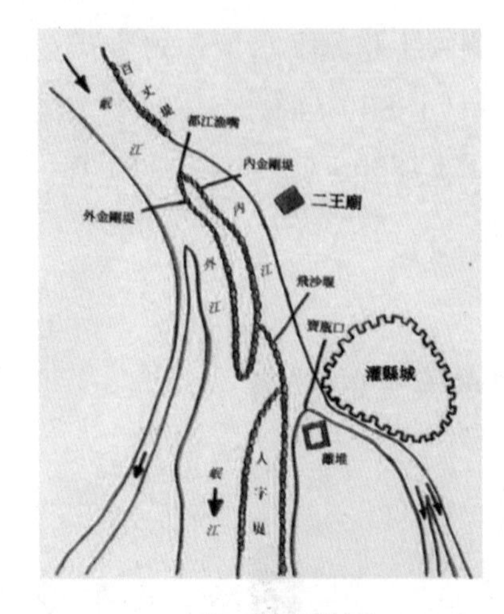

宝瓶口地理位置

北宋元丰元年（1078），范子渊任都水监丞，在导洛通汴的建议中提及河流间是如何比较其流量的，要“积其广深”，并考虑“湍缓不同”。这说明，范子渊已认识到构成流量的横截断面的面积与流速两个因素。据《宋史》中载：“汜水出玉仙山，索水出嵩渚山，合洛水，积其广深，得二千一百三十六尺，视今汴尚赢九百七十四尺。以河、洛湍缓不同，得其赢余，可以相补。”这里以河流横断面面积和水流速度来估计河流流量的概念，在中国水利史上是第一次。

清代陈潢也提出了“测水法”：“水流速，则乃急行人，日可行二百里；水流徐，则缓行人，日可行七八十里。即用土方之法，以水流经过横一丈，高一丈为一方，计此河行几方。”用此法可计算每天的某流量。从此看出，要先测定流过河渠的断面（即横截面）的面积（以丈为单位），再测流速，进而确定流量（“几方”）。

清嘉庆二十四年（1819），为了永定河防汛需要，曾在北京的卢沟桥进行流量测验。光绪三十年（1904）海河测水机构在天津的德国码头开始测流量。

水文观测的技术

我国最早的水则出现在战国时期的秦国。水则（又叫水志）是中国古人观测水位的标记。“水则”中的“则”的意思是“准则”。通常每市尺为一则，或称为一划，它相当于一种水尺。刻有水则（标尺）的碑就称为“水则碑”。水则碑被立于渠道的适宜作为某种标准的河段，它用于观察水位变化，并测定水位，进而达到预防洪涝灾害的目的，也可作为灌区农业灌溉配水的依据。在浙江省宁波市有一处古代测量水位的“平”字水则碑（镌刻“平”字于石碑上），它位于宁波市海曙区镇明路西侧平桥街口。这块水则碑始建于南宋宝祐年间（1253—1258），被放置在水势适宜之地。

宁波平字水则碑

位于重庆涪陵的白鹤梁石鱼

在古代的宁波有一个“平字碑”。宁波城外各水闸均视“平”字没于水中的深浅而启闭和升降：若水浸没了“平”字则当泄水，若“平”字位于水面之上则应当蓄水。用水则碑上的“平”字浸没程度来确定水情，再统一调度水务，对当地是否发生旱涝至关重要。

绍兴三江闸是我国古代大型的挡潮用的排水闸，三江闸的启闭要依据两个水则。其中，一个水则设在闸址，另一个水则设在绍兴城里，后者用于校核水位。闸门由三江巡检代管，“启闭惟看水则牌”。此外，绍兴的水则上的刻度分金、木、水、火、土，共 5 划，水面至金字脚时要全闸开启，水面至木字脚时要开 16 孔，至水字脚则开 8 孔，至火字头则全闸关闭。

北宋人在江河湖泊已普遍设立水则，在主要河道上已开始记录每日水位的“水历”。明清时，为了报汛、防洪，江河上下游往往都设有水则。当时的水则有 3 种形式：

·无刻画形式。如都江堰的石人（水则）和留存至今的南宋在宁波设立的平字碑（水则）都无刻画。

·只刻画洪枯的水位。民间自刻的这类水则不少，大江河上往往都存有这样的洪枯遗迹。如三国魏黄初四年（223），洛阳的伊阙石壁上的刻画及题词，还有涪陵，自唐代就留存下来的长江中石梁上的石鱼等。在一些地势较低的城垣也有类似的刻画，如安徽寿县的城门之上就有标识洪水水位的刻画。

吴江长桥水则碑

·等距刻画的水则碑。带刻画的水则（碑）最常见，如宋代至明代太湖出口、吴江长桥垂虹亭旁竖立着刻有横道的石碑。它立于宋宣和二年（1120），用以量测水位，此碑还刻有非寻常洪水位。吴江长桥另一块刻有直道的石碑为记录每旬水位用，它上面也刻记非常洪水位，1964 年被发现时仍立于长桥垂虹亭旧址北侧岸头踏步右端，在碑面刻有七至十二月这 6 个月份，每月又分 3 旬的细线，还有“正德五年水至此”“万历卅六年五月水至此”等题刻字迹。

长江汉口的水文标记

吴江长桥的水则碑分为左水则碑和右水则碑两块，左水则碑记录历年最高水位，右水则碑则记录一年之中各旬、各月的最高水位。碑文为：

一则，水在此高低田俱无恙；
二则，水在此极低田淹；
三则，水在此稍低田淹；
四则，水在此下中田淹；

五则，水在此上中田淹；
六则，水在此稍高田淹；
七则，水在此极高田俱淹。

如果某年洪水位特别高，就在这个水则碑刻上，“某年水至此”。该水则上刻写的最早的年代为 1194 年。由此可知，水则碑不仅是观测水位所用的标尺，而且可用于标识历年最高的洪水水位，并留下原始的记录。从水则碑可以发现，宋代为统计汛期农田被淹面积建立了水位观测制度。

清代，为了黄河、淮河、永定河等河流防汛需要，从康熙年间开始，清政府先后在洪泽湖高家堰村（1706）、黄河青铜峡（1709）、淮河正阳关三官庙（1736）、永定河卢沟桥（1819）设立水志桩，以观测和记录水位。

黄河上的水文站

清咸丰十年（1860），为了保证航行安全，外国人在黄浦江东岸一侧设置引导灯桩，还在张华浜设立“吴淞信号站”，竖立水尺和信号杆，并放置水位标球。这是在长江水系最早设置观测水位（潮位）的近代水则（尺）。此后，还在一些海关设立水尺，甚至，原中东铁路局于光绪二十四年（1898）在哈尔滨开始观测水位。这些都是用于近代水位观测的最早一批水位站，其中长江上的汉口站是全国最早具有连续系统资料的近代水位站。

石人的水文价值

为了观测水的流量，李冰在进水口，即宝瓶口内的内江上放置了3个石人立于江水中，以观测水位，并以水淹至石人身体某部为上限或下限，即“水竭不至足，盛不没肩”，显然这些石人起着水尺的作用，相当于一种原始的水尺。李冰用石人的足和肩的两个高度来确定引入宝瓶口的水量，可见当时不仅有长期的水位观察，并且已初步掌握岷江洪水和枯水位变化的情况。

都江堰出土的无头“石人像”

关于李冰制作石人的历史记载，晋代蜀郡江原（今四川成都崇州）人常璩（qú）（字道将，约291—约361）在《华阳国志·蜀志》中称：“（李）冰能知天文地理……作三石人，立三水中，与江神约：‘水竭不至足，盛不没肩。’”郦道元在《水经注》描述得更加清楚：

> 秦昭王以李冰为蜀守……作三石人，立水中，刻约江神：“水竭不至足，盛不没肩”。是以蜀人旱则借以为溉，雨则不遏其流。故记曰：“水旱从人，不知饥馑，沃野千里，世号陆海，谓之天府也”。

这大致是讲：李冰用命令的口吻与江神约定，取用岷江的江水，在枯竭的情况下不可露出石人的脚，而在江水上涨时，也不可淹没了石人的肩膀。四川有旱情可借都江堰引出的水来灌溉，雨大时也不会影响（“遏”）其水流。因此，四川“水旱从人，不知饥馑，沃野千里，世号陆海，谓之天府也”。

除了枯水题刻，我国古代还有不少洪水题刻，还有一些碑文题刻，如《黄河图说》碑、《海潮论》碑和苏州水则碑等。

白鹤梁的水文记录

其实，李冰立石人，就是作“水则”之用，以监测岷江的水位高低和水量大小，跟刻记长江枯水位的“涪陵石鱼”的用途相似。

古代一直重视在各河流要处建站监测水文。当时的观测方法较多采用在江岸、河中的岩石上题刻标记，用以记载洪水或枯水的水位。始于唐代的白鹤梁题刻就是一种典型的题刻标记观测江河水位的遗址。这或许是为了永久保存下来，并且也使后人可以对比这些记载的数据。

白鹤梁位于重庆涪陵区的长江中。这是一道天然的石梁，它长约1600米，宽约10~15米，东西向延伸。它的背脊标高约为138米，仅比当地常年最低水位高出两三米，石梁几乎常年没于水中，只在每年12

白鹤梁上的水文题记

月到次年 3 月，即冬春之交的枯水位时期白鹤梁才可能部分露出水面。因此，古人常根据白鹤梁露出水面的高度来确定长江的枯水水位。

这是世界上已知时间最早、延续时间最长、数量最多的水文题刻。

白鹤梁水下博物馆

关于长江水文的记载，在诸文献之中并不多，在一些像白鹤梁一样的大石板上却不少。白鹤梁石刻中可见到一条一条的石鱼，人们把这些石鱼称为“涪陵石鱼”。相传，唐代的尔朱真人在涪州今白鹤梁的江边修炼，后得道，在石梁上乘仙鹤而去，故名“白鹤梁”。

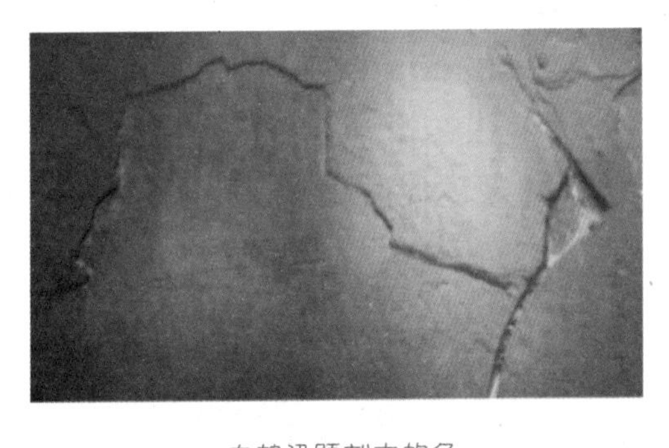

白鹤梁题刻中的鱼

从白鹤梁上的题刻看，所记载的内容是从唐代广德二年（764）以后的 1200 年间（终于 1963 年），有 72 个年份的枯水位的数据。其中 1140 年和 1937 年是两个最为极端的枯水的年份，由此可见，这些石鱼水标及题刻，真实反映了长江上游枯水年代水位演化情况，水文价值是很高的。这种带有浓重的传统艺术风采的水文石梁具有鲜明的民族风格，并且反映出古代人的创造才能，以及对水文数据记录的严谨态度。联合国教科文组织将其誉为“保存完好的世界唯一的古代水文站”，为研究长江水文及全球区域气候的变化提供了重要的实物佐证。今天，因长江三峡工程建设，白鹤梁题刻永沉江底，由此兴建的白鹤梁水下博物馆于 2014 年开馆。

具体来看，白鹤梁梁体分为上、中、下三段，题刻位于中段长约 220 米、宽约 15 米的梁体上，迄今发现题刻约 165 段、文字 3 万余字，有作为水标的石鱼 18 尾、观音 2 尊、白鹤 1 只，其中有水文价值的题刻 108 段，是全世界唯一一处以刻石鱼为“水标”及观测记录的水文数据。在题刻中也有一些艺术家留下的墨迹，如宋代书法家黄庭坚的墨宝等。

在白鹤梁题刻中有一尾标注最早的枯水题刻石鱼，“鱼眼”正好是长江中上游的零点水位，比1865年长江上设立的第一根水尺——武汉江汉关水尺的水位观测记录要早1100多年。当地有“石鱼出水兆丰年”之说。这就是说，如果石鱼在冬天枯水期露出水面，则第二年必是风调雨顺的年景。

白鹤梁中的唐代石鱼的腹高，大体相当于涪陵地区的现代水文站历年枯水位的平均值，清康熙二十四年（1685）所刻石鱼的鱼眼高度，又大体相当于川江航道部门所设的当地水位的零点，可满足轮船航行的最小水深的水位线。

石梁上的大鱼（现陈列于白鹤梁水下博物馆大厅）

黄庭坚手书“元符庚辰涪翁来”

不只是白鹤梁，题刻长江枯水水位的题记还有很多。唐宋以来，这些题刻大多分布在长江干流和支流上，有关洪水题刻有近1000处，以明清时期居多。这种记载枯水水位的题刻群，其记录方式包括文字注记和石鱼题刻，以重庆江津莲花石、重庆丰年碑、云阳龙脊石、四川奉节记水碑最有代表性。例如，长江上游忠县有两处题记，是现存最早的洪水题记，其一为：“绍兴二十三年（1153）六月十七日，水此。”当时，对于同一次洪水，往往有多处题刻标明其水位，如1788年的一次大洪水，仅上游就有19处题刻，说明当时对洪水水位的观测已相当普遍。

据说，葛洲坝和三峡水利工程的建设都曾参考了白鹤梁留下的历代数据。白鹤梁也当之无愧地成为“世界水文资料的宝库”。

飞驰“塘马”报汛情

明成祖朱棣

由于中国的河流众多，在夏秋季节，时常发生洪水，这影响着水运、灌溉和民众的生活用水，更关系着人民的生命财产安全，因此历代都很重视防汛抗洪和汛情通报的工作。

洪武年间（1368—1398），朝廷下令，全国各州县都要向朝廷奏报降雨的情况。永乐廿二年（1424），为奏报之事，还引得永乐皇帝朱棣发怒。

事情是这样的：依着洪武时期留下的规定，要求各地每月都要上报雨雪的情况，具体接受上报的部门是通政司也就是明代始设的“通政使司”，简称“通政司”，其长官称为“通政使”。它掌内外章奏和臣民密封申诉之件，也称为“银台”。奏报的报表和奏文太多了，通政司的官员年复一年、月复一月单调工作，对堆积如山的奏报，大概连看都不愿意看了。于是一些人就编个“理由”，把这些奏报推给别的部门去收报，为此还把编造的“理由”奏请皇帝。朱棣看到他们陈述的“理由”后非常生气，训斥了通政司的官员，并且要求他们严格按照洪武时期的规定，要求各地认真测量雨雪的数据，认真地上报到朝廷，以了解各地的水旱灾情，掌握这些情况之后，对这些灾异就会作出防范。压下这些奏报的内容，就会贻误时机，影响救灾抢险的工作。他还告诫这些官员，出现大问题是要受到惩罚的。

通政司的官员只得唯唯诺诺，朱棣还指示通政司，凡有雨泽奏报，都要送到宫中，由他本人亲自审阅。朱棣对这项工作的重视还不只是看看奏表，了解地方雨泽的情况，第二年朝廷就向各州县颁布了“测雨器”的制度，以使各州县奏报的数据更加准确。

每到夏秋的季节，河水上涨，明朝廷都要求迅速地报告朝廷，为此，在这一时节，常常看到两位军人在驿道上骑马快速通过，并且跑几十里

黄河的紧急汛情

就换成另外二人，继续向前奔去。许多人看到之后，大都以为是传递紧急军报。其实，这些人是要上报汛期的水情。

由于明代有严格的规定，在黄河水情迅速变化（尤其是恶化）时，报汛情如同边关报军情一样。在黄河沿岸设立“塘马”，从潼关到江苏的宿迁，要求30里设立一个站点。朝廷要求，每站的“塘马”在接到上一站的奏报之后，要迅速传到下一站，不得有误。具体的要求是，传汛的速度要大于洪水上涨的速度，以使黄河中下游的防汛工作有所准备并能迅速开展，以防可能发生的灾害。所谓的“报汛”内容，要含有水位涨落、堤防险情、防汛准备等。收到汛情报告的河渠领导者要处理这些奏报，并发出防汛工作的各种指示或命令。从技术上讲，“塘马”制度无疑是合理的，也是比较高效的。

天津大沽口的水文站

我国的泥沙站都是和水文站（流量站）结合在一起，早期，也有个别水文站的泥沙测验略早于流量测验，如海河天津小孙庄站，清光绪十八年（1892）开始沙量测验，宣统二年（1910）开始流量测验。黄河流域含沙量测验最早在清光绪二十八年（1902），铁道部门在津浦铁路黄河泺口大桥，按重量比测验含沙量，这也早于黄河流域的流量测验。较早开始含沙量测验的还有珠江西江（1915），淮河（1921）和长江（1922），这一时期的含沙量测验比较简单，用水桶或瓶子取一定数量的浑水水样，经过处理后，用重量比计算含沙量。

五、黄河的史诗

黄河流域是中国开发最早的地区。黄河下游的平原是中国人活动最早的地区之一，也是中华文明最主要的发源地区，因此，黄河被中国人称为“母亲河”。由于黄河流经黄土高原地区，因此挟带了大量的泥沙，是世界上含沙量最多的河流。黄河水每年都会携带16亿吨泥沙，其中有12亿吨流入大海，有4亿吨会沉积下来，以至于在黄河下游地区形成冲积平原。虽然在这样的土地上有利于种植，但是，在中国历史上，黄河下游的淤积泥沙和改道也给中国的发展带来了巨大的影响。

黄河和它的源头

黄河全长约5464千米，是中国第二大河流。它自西向东流经北方地区，流域总面积近80万平方千米。它发源于青藏高原巴颜喀拉山北麓的约古宗列盆地，分别流经青海、四川、甘肃、宁夏、内蒙古、陕西、山西、河南和山东，共9个省（自治）区，最后流入渤海。从地形上看，黄河上游以山地为主，中下游以平原、丘陵为主。

战国时期，中原大地的农业生产发展较为繁荣，当时，齐与赵、赵与魏、韩与魏、魏与秦都曾以黄河为界，魏国、齐国和赵国均得益于黄河之利，并且在沿河两岸建设了较长的堤防。黄土高原的大量泥沙随黄河水在入海之地积淀成洲，形成了中国暖温带最年轻、最广阔、面积最大的河口新生湿地生态系统——黄河三角洲。

黄河三角洲

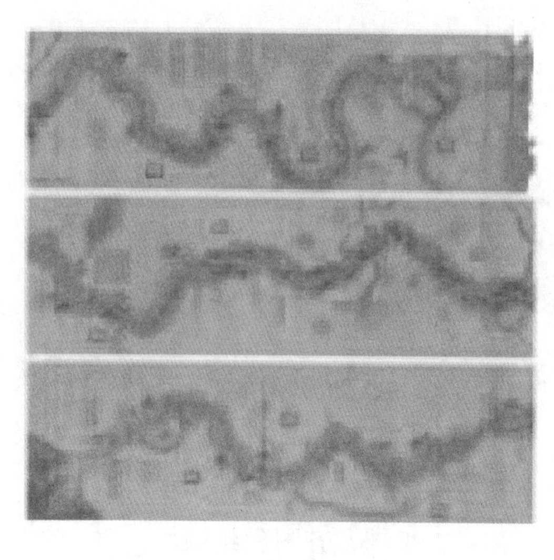

清代黄河图

黄河的源头在青海省玛多县多石峡以上地区，称为河源区，面积近2.3万平方千米，海拔在4200米以上。

星宿海位于青海果洛藏族自治州玛多县，东与扎陵湖相邻，西与（黄河）玛曲相接，古人认为，这就是黄河的源头。这里的地形是狭长的盆地，东西长30千米，南北宽超过10千米。在星宿海以上有3支河流：扎曲、约古宗列曲和卡日曲。

黄河的源头

扎曲，居于最北部，发源于查哈西拉山，河长70千米，河道窄，支流少，水量有限，一年中大部分时间断流。

约古宗列曲，位于星宿海西，在3条上源中居中，发源于约古列宗盆地西南隅，海拔4750米，是水量甚小的小溪。

南部支流为卡日曲，发源于巴颜喀拉山支脉各姿各雅山的北麓，海拔4800米，有5处泉水从谷中涌出，汇成一条小河，流速约3米/秒，河流终年有水。

最早有关黄河源的记载是《尚书·禹贡》，其中有“导河积石，至龙门”的说法。这里的“积石”是在今青海省循化撒拉族自治县附近，其实距黄河的源头还很远。唐太宗贞观九年（635），侯君集与李道宗奉命出征吐谷（yù）浑（亦称吐浑），到达星宿川（即星宿海）达柏海（即扎陵湖）望积石山，观览河源。唐穆宗长庆元年（821）入蕃的使者途经河源区，得知河源出“紫山”（即今巴颜喀拉山）。

至元十七年（1280），元世祖命荣禄公都实为招讨使，勘察河源，历时 4 个月。他查明了两大湖的位置，即《元史》中记载的“二巨泽”，也合称为“阿剌脑儿”，并上溯到星宿海，此后又绘出了黄河源地区最早的地图。

清康熙四十三年（1704），拉锡和舒兰探河源。探查后，他们绘出《星宿河源图》，并撰有《河源记》。他们指出，“源出三支河”，东流入扎陵湖，均可视为黄河源。康熙五十六年（1717），又遣喇嘛楚尔沁藏布和兰木占巴等前往河源测图。乾隆年间，齐召南撰写的《水道提纲》中指出：黄河上源三条河（黄河源头北源为扎曲，中源为约古宗列曲，即玛曲，南源为卡日曲），中间一条叫阿尔坦河（即玛曲）是黄河的“本源”。

三江源国家公园黄河源园区碑

20 世纪，对黄河源头的探查和确认是有一番曲折的。1952 年，水利部黄河水利委员会（简称为“黄委”）组织黄河河源查勘队，勘测黄河河源及从通天河调水入黄河的可能性，历时 4 个月，确认历史上所指的玛曲应是黄河正源。1985 年，“黄委”再次确认，玛曲为黄河正源，并在约古宗列盆地西南隅的玛曲曲果（东经 95° 59′ 24″，北纬 35° 01′ 18″），树立了河源标志。

在这期间（1978），青海省政府和青海省军区也邀请有关单位组成考察组，进行过实地考察，认定卡日曲为黄河正源。

三江源自然保护区碑

2008 年，按照国际上河流正源确定的 3 个标准（即河源唯长、流量唯大、与主流方向一致）三江源头科学考察队考察后确认，由于卡日曲比约古宗列曲长 36.5 千米，流量比约古宗列曲多两倍，因此将黄河源头定位于卡日曲。

由此可见，黄河源头之探查不是一蹴而就的，持续的探查是不可缺少的。

黄河的漕运工程

汉代，经过三门峡的漕船已非常多，由于船翻人亡的事故难以避免，就有人提出建议，在三门峡西的皮氏和汾阴（今山西曲沃到河津）一带兴建水利工程，希望能灌溉 5000 顷的土地，每年可产 300 万石的粮食。如此，就可免掉漕运的任务。然而，由于河流变迁，水源不足，使新开辟的土地只得荒废。

此后，又有人提出建议，从汉水上运输，虽可以避开三门峡之险境，但需要先运到河南南阳，装船后沿着唐白河抵达汉江，到南郑之后，改行褒水；由褒水转到渭水、再到长安。这就是褒斜道。然而，从褒水到渭水要穿过百余里的秦岭。为了打通这条水道 + 陆路的运输线，汉武帝派人于元狩二年（前 121）开工；经过 4 年的奋战，打通了褒斜道。但是，新开通的水道流水急、礁石多、难以通舟，只得仍从陆路运输。新开辟的运输线效率并不理想，还是回到黄河漕运。

汉代后，三国两晋到南北朝的几百年间，战争频仍。直到隋朝，开凿大运河，使南北交通得到改善，但三门峡运输仍未改观。唐王朝的漕运量更大了，特别是唐玄宗在位时期，一位大臣提议在三门峡河段，修了 18 里的山道，以避开三门之险，使运输效率大为提高，汴渠大大节省了运输的费用。

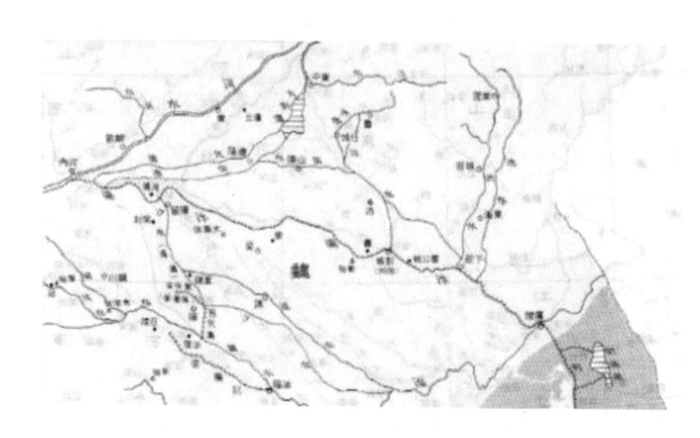

汴渠

这18里的山路虽然避开了水路之险，但是这18里山路实为从崖壁开凿出的栈道，很难走车，也有一定的危险。这样，虽然过三门峡有危险，但许多人仍愿意回到水上运输。为此，在开元廿九年(741)，人们开始尝试改造三门的运道，即在“人门”的北边的石头上开凿出一条新河。

褒斜道图

褒斜道风光

为了开凿岩石，工匠们采取了“烧石沃醯”的办法。这种方法是在石头旁边堆起柴草或杂木，燃起大火烧石头，而后泼上醯（xī，即醋），使受热的岩石发生炸裂，或者破坏其结构，使石匠更易于凿开石头。唐代文学家柳宗元（字子厚，773—819）在散文《兴州江运记》中介绍并赞扬了这种方法。他写道：“由是转巨石，仆大木，焚以炎火，沃以食醯，摧其坚刚，化为灰烬。畚锸（běn chā）之下，易甚朽坏。”这种方法，李冰父子建设都江堰工程时就用过，已经是一种较为常用的开凿岩石的方法。

柳宗元像

这条新河只有 300 米长，宽也只有 4 米多，人们把它称为“开源新河”。史书记载，“俾负索引舰，升于安流。自齐物始也”。这里的“齐物”是组织开凿新河施工的陕郡太守李齐物。他组织开凿的新河可将较大的船（舰）拖过三门，而且也保证了安全。也有人认为，由于施工时，一些大石块落入新河之中，加上新河流急，只有在涨水的季节才能通行。这就是说，这条新河也未能彻底解决漕运之困难。

宋朝以后的王朝首都不再定在长安，三门河段的作用就不如从前了。反过来，漕运的方向不是从东向西运，而是从西向东运了，即陕西等地的物资通过三门向首都运输，当然运输量就小得多了。有时，如西北战事起，会把物资向西运，还是要过三门。为此，在明代嘉靖年间（1522—1566）在三门沿岸开凿石洞，并种植一些柏树，还安置了 40 多丈的铁索，以便于拉纤者挂钩和攀附，为纤夫们带来了一些“福利”。

河套与宁夏灌区

黄河之为害造成了极大的损失，还耗费了中国人无穷的财力和人力。但是在内蒙古高原中部，沿着贺兰山脉东侧和阴山山脉的南侧，有一块广阔的平原，名曰“（黄）河套”。细分起来，从宁夏的青铜峡到内蒙古磴口县为“西套”（通称为“银川平原”），从磴口到包头为“后套”，从包头到呼和浩特为“前套”。这个平原是黄河泥沙堆积起的冲积平原，土地肥沃，河渠纵横，是黄河流域很特殊的一个地区，有“塞北江南”之美称。

秦朝，大将蒙恬驻守在“河南地”（宁夏、内蒙古河套和陕西榆林一带）时，由于这里是牧区，当地人不擅长耕种，粮食给养的供应是个难题。为此要从外地移民于此，以从事垦殖，发展农业。据说，在秦始皇卅六年（前221），一次来到这个地区的移民就有3万户。

初到此地，马上就会感到它那干旱的气候，少雨多风。但河套地区地势平坦，黄河可为此地提供水源，可以兴修水利，并且只要挖掘水渠，便可自流灌溉。从内地到宁夏地区的人便发展农业，就地生产粮食。一者可帮助产地的人度荒，二者还可供给军粮。因此，在移民较多时，此地军民数量达60万人。可见，当时开垦规模之大。尤其是在汉武帝时期，他还亲自组织人力，调集物资堵塞黄河瓠子决口。这也激发了各地对水利工程的重视，建设了一批沟渠，使一些水利工程形成了更大的规模，促进了农业的发展。

西汉元朔二年（前127），汉武帝派卫青出云中（今内蒙古托克托县）击败匈奴的楼烦、白羊二王，收复“河间”，即河套。汉武帝接受大臣主父偃的建议，在河套筑城以屯田、养马，作为防御和进攻匈奴的基地，并且置朔方郡（今内蒙古巴彦淖尔市磴口县）和五原郡（今包头西），后来又置西河郡（今陕西府谷西北），还有云中郡和定襄郡。当时的人们引黄河灌溉，使河套地区农业迅速发展，经济繁荣。“河套”的名称也始于汉代，指内蒙古和宁夏境内贺兰山以东、狼山和大青山以南黄河流经的区域。由于黄河流经此地形成了一个大弯儿，故名。又由于此地历代均以水草丰美著称，故有民谚，“黄河百害，唯富一套”。

为了继续开发河套地区，北魏初年（4世纪末），平原公拓跋仪（字乌泥，？—409）受命在黄河以北今包头

娄师德像

一带管理屯田工作，引黄河水，灌溉田地，灌区南北宽 20 里。几十年后，后继者又在此地开挖新渠，名“艾山渠”。这条渠道宽 15 步，深 5 尺，两岸堤高 1 丈，全长 120 里，可以灌溉官田和私田 4 万多顷。

唐代也有军队驻扎于此，天授初年（690），大将娄师德（字宗仁，担任过宰相，630—699）亲自拓荒。他身穿皮袴（kù，同裤），带领众人开出田地，收获并储下粮食数百万石。不只是省去粮草转运之苦和转运之费，而且使军民守边的信心更足。娄师德的成绩，得到皇帝武则天的嘉奖。

三盛公水利枢纽工程

内蒙古的河套内所形成的灌渠已上千年了，并且与宁夏相连，形成了一个灌溉系统。这个系统仍在发挥着作用。从秦始皇三十六年（前 211）到清光绪三十四年（1908），内蒙古河套地区，挖掘了 9 条大渠（今尚存 8 条），小渠有 20 多条，大干渠长度近 800 里，总长约 1500 里。清光绪年间（1875—1908），对河套的农田进行丈量，可达 8 万余顷，可谓“一时之盛”。

在明代，人们描述的“河套”是，“三面阻黄河，土肥饶，可耕桑”。具体地看，“密迩陕西榆林堡（今陕西榆林），东至山西偏头关（今山西偏关县），西至宁夏镇（今银川），东西可二千里；南至边墙，北至黄河，远者八九百里，近者二三百里”。

发展农业须兴修水利，宁夏属于干旱地区，蒸发量是降水量的 4~11 倍，而且宁夏之地多为沙碱性的土地，更需淤灌，才可使土地变得肥沃。由于水利设施齐备，此地可产稻米、小麦以及水果、鱼类等，可谓农业兴旺。

宁夏的渠道中比较有名的是秦渠、汉延渠、唐徕渠和惠农渠等。

秦渠的前身为秦昭王四十六年（前 269）在青铜峡以下河东地区修建的北地东渠。与唐徕渠、汉延渠和惠农渠大致相当。渠长 150 里，

220个支渠，可灌溉15万亩。

西夏开国皇帝李元昊

汉延渠的前身是秦始皇末年，在青铜峡以下的河西地区修建的。汉延渠的渠口在宁夏宁朔县陈浚乡，经过宁夏县（今贺兰县）城东而向北，进入西河地区。汉代以后，历代都对于汉延渠不断修治。它全长219里，支渠430多道，可灌溉20多万亩的农田。

唐徕渠又名唐渠，它的前身是汉武帝时修建的“光禄渠”。后此渠废，到元初，郭守敬组织修复，并在此立木制牐（zhá，意思是“闸”）堰，以便于人工控制。明代人也在唐徕渠修建了3座闸，而康熙和雍正年间再行疏浚，也修建了一些设施，如立渠口，劈黄河水流的1/5，使受水更加流畅，至今仍在发挥作用。

郭守敬与宁夏的水利

唐徕渠开口位于青铜峡内的一百零八塔的旁边，沿着西山而下。渠口宽近50丈，从渠口到正闸有20多里，此处为全渠之关键。唐徕渠全长 420 里，为取水又修大小支渠 550 多道，可灌溉宁夏、宁朔和平罗三县近 47 万亩的田地。此渠为西北第一大渠。

惠农渠修建得较晚，在清雍正四年（1726）开挖的，全长 368 里，共有支渠 660 多道，灌溉面积近 30 万亩。

宋初，西夏王李元昊占据宁夏地区，并建都于兴州（今银川），国祚（zuò）189 年。这里的水利条件优越，农业发达。在李元昊时期，不但旧有的渠道保证灌溉，还把艾山渠疏浚，并延长了渠道，并且更名为“昊王渠”。后来元朝统一宁夏地区之后，郭守敬向元世祖忽必烈提出修复宁夏的渠道、恢复农业生产的主张，并得到忽必烈的批准，郭守敬也被任命为宁夏“河渠提举”，组织修复和疏浚渠道的工程，使灌溉面积达到 9 万顷。后来历朝历代对于渠道的修治都比较重视，还新修“惠农渠”的新渠道，使宁夏农业一直保持着兴旺的局面。

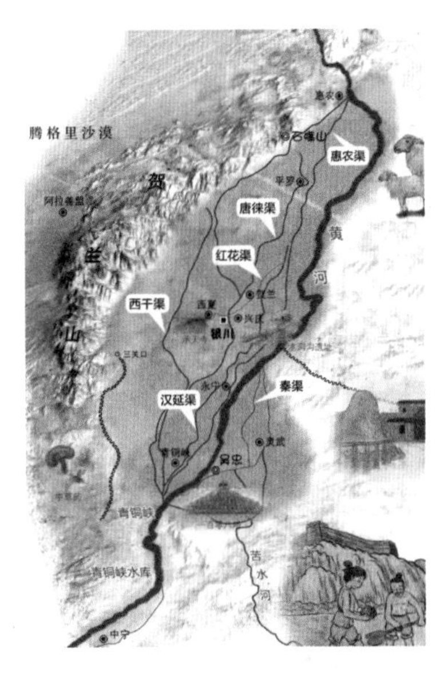

银川平原上的灌渠

汉武帝的《瓠（hù）子歌》

司马迁曾经随汉武帝堵塞瓠子决口，并在《史记·河渠书》中详细记载了这一壮举。由于汉武帝亲率文武百官负薪堵塞黄河的决口，无论是亲临现场指挥者层次之高，还是亲自参与堵口的文武官员之多，在中国治水史上都是独一无二的。为此，汉武帝还写下了名篇——《瓠子歌》两首。

其一

瓠子决兮将奈何，浩浩洋洋兮闾殚为河。殚为河兮地不得宁，功无已时兮吾山平。

吾山平兮钜野溢，鱼弗忧兮柏冬日。延道驰兮离常流，蛟龙骋兮方远游。

归旧川兮神哉沛，不封禅兮安知外。为我谓河伯兮何不仁，泛滥不止兮愁吾人。

啮桑浮兮淮泗满，久不返兮水维缓。

其二

河汤汤兮激潺湲，北渡回兮汛流难。搴（qiān）长筊（jiǎo，竹索）兮沉美玉，河伯许兮薪不属。

薪不属兮卫人罪，烧萧条兮噫乎何以御水。颓林竹兮楗石菑，宣防塞兮万福来。

《瓠子歌》碑

《瓠子歌》第一首集中写黄河决口后洪水造成的危害。

前6句是说，元光三年（前132），先是黄河决口，后又冲决了濮（pú）阳的瓠子河堤，洪水注入钜鹿泽，流入淮河、泗水，梁、楚等16郡国均被水淹。汉武帝调拨十万人筑堤治水，不料，水患猖獗，塞而复坏，以至前功尽弃（“功无已时兮吾山平”）。汉武帝非常感慨，他虔诚地祷告：河神啊河神，你的仁爱恻隐之心呢？你不断地兴起洪水泛滥，酿成大灾，使朝廷也无能为力。我请求河神，让黄河停止咆哮吧。告诉河神，我已投下玉璧，杀白马祭河，希望河神宽恕这一带居民的罪过，赐予百姓万福。看上去，汉武帝还是有些抱怨，对于上天的意志，我们（人类）力不从心（“将奈何”）啊！

“延道驰兮离常流，蛟龙骋兮方远游。归旧川兮神哉沛，不封禅兮安知外”。

大意是，洪水不行走在正道中而离开以往的河床，像蛟龙一样肆虐为害。如何让黄河仍回归原来的河道，如果不去封禅，怎能知道这几百里之外的水患呢？！

其实，大水之所以向南漫延，恰恰是“人祸”造成的。汉武帝治水，丞相田蚡（汉武帝的舅舅）却心下不安，他的封地尽在黄河以北地区，担心遭灾，就别有用心地对汉武帝讲：“塞之未必应天”，这是“神意”，并阻挠治水，致使东郡百姓遭灾如此之久。

汉武帝像

元狩三年（前120），灾情最为严重，引起朝廷的不安。汉武帝下令将70万灾民迁徙到关中或朔方。

“皇谓河公兮何不仁，泛滥不止兮愁吾人。啮桑浮兮淮泗满，久不返兮水维缓。”

水患归咎于河神，这个神灵毫无仁慈，泛滥不止的洪水淹没了黄河以南的大片土地，却迟迟不肯退去。

第二首《瓠子歌》主要写堵塞决口的场面。元封二年（前109），汉武帝到泰山封禅的同时，调集4万人马筑堤堵水。汉武帝还亲临现场，命将士都到工地，伐竹运土。

“河汤汤兮激潺湲，北渡回兮汛流难。”写施工的艰难环境，那是在急流中进行的。

“搴长筊兮沉美玉，河伯许兮薪不属。薪不属兮卫人罪，烧萧条兮噫乎何以御水。”这

宣防宫遗址的汉武帝像

司马迁像

次治水，河伯总算是答应了，但是缺乏柴草。这是什么原因呢？汉武帝又归罪于卫地的人，怪他们把柴草都烧了，弄得现在筑堤垒坝都找不到柴草。

“颓林竹兮楗石菑，宣防塞兮万福来。”没有柴草，汉武帝下令砍伐琪园的竹子，作成“楗”和“石菑”，沉入河底，填土筑坝。这次治水取得了胜利，降伏了为害多年的“蛟龙”。为此，汉武帝很高兴，诏示官员们向百姓“宣防塞”，要让人们懂得兴修水利是造福子孙的大事。

此次，汉武帝带领百官参加堵塞决口的工程。他注意到，由于东郡地区的百姓要烧大量的柴草，而使修筑堤坝必需的树木和柴草不敷取用。为此，他令军士去砍卫地的竹子，作为塞河工程减缓水流速度的“楗”，以连接内装“石”的竹编，草包内也装土，终于堵塞住决口。汉武帝还下令把附近离官淇园里的竹林全部砍伐，以代树薪。

这样，黄河水终于被制服，水患最终被消除。武帝认为，自己的虔诚感动了河神。于是下令，在瓠子合垄处的大堤上，建造一座宫殿，赐名为“宣防”。这殿名来自《瓠子歌》中的一句：“宣防塞兮万福来”。大意是，防范洪水、祈求万福。这个水利工程确实使大河“复禹旧迹”。黄河终于回归（“禹河”）故道。武帝又命由瓠子北开二渠，此后，梁、楚之地再不受河灾了。

黄河八百年安流

战国时期，黄河下游地区人口很少，所筑的堤防可保证两岸大堤的距离达 50 里，河水可被约束在堤内，河道行洪能力也比较强，基本上无决溢发生。从公元前7世纪末到西汉中期，出现过600年的安定期。不过，随着人口不断增加，人们在大堤内或河槽两旁淤出的大片滩地上进行垦殖，甚至修筑民埝进行围垦，远者距水数里，近者仅数百步，使河床行水受到较大的影响，河槽也多曲折，淤高之后使险情迭出。

从东汉初到明帝中期的将近半个世纪里，国家政治稳定，经济状况良好，社会发展一派兴旺的景象，但黄河却很不安定，灾害不断，还很严重。这主要是因黄河在新莽始建国三年即公元11年发生大改道的前后未能得到有效治理而引发的。

自汉文帝十二年（前168）到新莽始建国三年的180年间，按黄河决口相隔的时间来划分，前130年中约25年决溢一次，后50年则每隔7年就决溢一次。可见，这后50年决溢一次的频度大大提高了。特别是，在汉武帝时期，关于黄河决溢的记录开始增多，其中有4次决溢造成的险情是较为突出的。

据记载，西汉哀帝时（前6—前11），魏郡（今河南南乐县一带）以东黄河决口，其泛滥的程度已到了难以分出河道的主次。平帝在位时（前1—6），黄河在今荥阳境内再次发生剧烈变化，河道向南移动，黄河与汴水分流处的堤岸严重坍塌，发展到黄河、济水和汴水各支流混乱的程度，并最终导致黄河史上的第二次大改道，即新莽始建国三年黄河形成的新河道（史称“东汉故道”）。

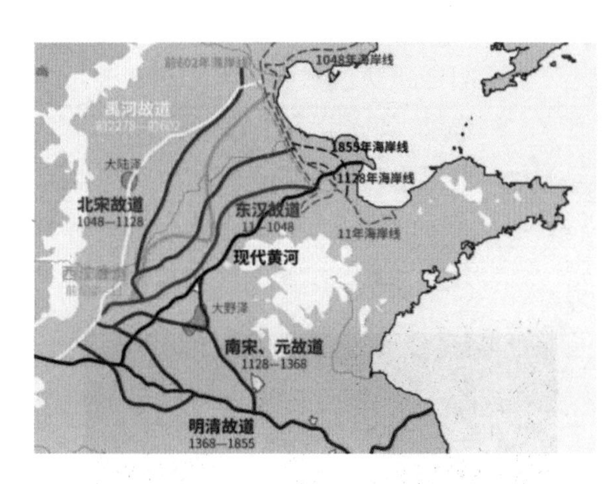

历代黄河故道

到了东汉时期，因为疏于治理，黄河下游的水患更加恶化。黄河水使河道逐步向南侵蚀、蔓延，并导致黄河与淮河之间的数十个县被洪水淹没。面对如此严重的黄河灾患，光武帝刘秀也曾表示要治理水患，但由于天下初定而作罢。而到明帝时，“自汴渠决败，六十余岁，加顷年以来，雨水不时，汴流东侵，日月益甚，水门故处，皆在河中，漭漾广溢，莫测圻（qí）岸，荡荡极望，不知纲纪。今兖、豫之人，多被水患”。这大意是，自从汴河发生决溢，已有60年，加上近年来不时的雨水又使汴河东侵更甚。使原来的水门（处）已经处于河道的正中，使溢出的水茫茫无际，以至于难以看到对岸，已不能分出主流（“纲纪”）。使当时的兖州和豫州一带的老百姓仍然频遭水患，难以解脱。这使汉明帝看到泛区灾民的困境，为此朝廷开始酝酿要治理因决溢造成的危害，只是因意见不统一，明帝一时也拿不定主意而未能动工。

东汉时，形成黄河、济水与汴河乱流的局面有以下原因：

首先，黄河下游和汴河两岸的严重灾情，除有“东汉故道”形成前后的大河决溢的因素外，济水、汴河分流剧增，使济水、汴河严重受损，这是一个极为重要的原因。

其次，济水与汴河乱流的直接原因是黄河南侵使济水与黄河交汇处的自然地理环境发生巨变以及汴渠渠首多处水门被毁。

最后，水门损毁是黄河南侵、渠首山体坍塌、洪水漫溢的结果。汉明帝也认识到这一点。他认为：“或以为河流入汴，幽、冀蒙利。”大意是，河水分入汴渠的多了，黄河之水相应减少，北方水患就会有所减轻。可见当时黄河南侵后对汴河产生了影响。

这样，直到永平十二年（69），汉明帝才决定修治汴河，并依照王景的意见，实施了大规模的治理工程。而在王景治理之后，在将近千年的时间里，黄河下游河道相对稳定，虽偶有决溢，也未造成大规模改道，归结起来，原因大致有三，即：

王景像

从东汉起，北方牧民入居黄河中游，北方退耕还牧者多，使水土流失减轻。

王景领导对黄河进行全面治理，并形成了一条较为固定的新河道，大体流经冀鲁交界地区，过长寿津（今濮阳西旺宾一带）之后，循古漯（tà）水的河道，经今范县南，在今阳谷县与古漯河分流，经今黄河和马颊河之间，到今山东利津县境入海；这些河流的分流起了分洪排沙和调节流量的作用。

当时黄河下游尚有不少分支，或单独入海，或流入其他的河流，沿途的大小湖泊和沼泽洼地也都能起到分洪、蓄洪、排沙与调节流量的作用；新河道顺直，有利于泥沙下泄。

经过近千年的淤积，到唐末，黄河下游河口段已逐渐淤高。唐景福二年（893），河口段发生改道；到五代时期，决口的次数明显增加，平均不到3年就发生一次溢决。不过，从王景治理之后，黄河安流竟达800年，这也算是一个奇迹吧！

黄河三角洲的滩涂

治理黄河离不开黄河流域生态系统的保护和发展。2021年10月20日，习近平总书记来到山东省东营市实地考察黄河河道水情和黄河三角洲湿地生态环境现状和保护发展情况。黄河三角洲湿地生态系统类型多样，大面积的深水芦苇、岸边草丛、库塘、浅海水域、滩涂等为许多动植物提供了生存的美好家园，为许多鸟类提供了栖息地、繁殖地和中转站，是东方白鹳全球最大繁殖地。近年来，所在地山东东营积极致力于湿地保护，组织编纂了《东营植物图志》《黄河入海湿地东营》等书籍，为河口湿地工农业生产、生物多样性保护等提供重要依据的同时，大力宣传湿地保护成效，不断提升全社会湿地保护意识，2018 年荣获全球首批“国际湿地城市”称号。

《东营植物图志》

金堤的传说

远古时代。当时的先民要“逐水草而居”，得到水的“恩惠”，但也常常受到洪水的灾害。古老的传说中都有所提及的共工、鲧、大禹等著名人物，他们多少与堤防的创造和发明有关。以共工为例，他

黄河大堤

所在部落地处黄河岸边，更是难逃水害。为防御洪水，在共工的率领下，先民们用土、石修筑起了简单的土石堤埂，并形成了“水来土挡”的观念，确立了堤防的最初形态。这也就是传说中，共工“壅防百川，堕高堙庳（yīn bì）”的防范之法。这是很了不起的，共工也因此赢得了部落的拥戴，其法也为后世所继承，他的后代也成了治水世家。其中，共工之子句龙，亦因治水有功，而得到了“后土”的名位，其孙子四岳也曾帮大禹治水。

到永平十三年（70），黄河水按着王景设计和修筑的大堤，注入新的河道。汴渠也治理得很好，行水流畅，黄河与汴渠平行流动，并在中间筑堤以分隔。

黄河大堤的设计是非常合理的，为当今的黄河治理工程提供了宝贵的思想财富。

秦始皇与金堤

有一道地处河南濮阳，以及河南范县、台前与山东莘（shēn）县、东阿交界的100多千米长的黄河北的金堤——滞洪区围堤。据传，这是秦始皇（前259—前210）下令修建的。在秦始皇统一中国后，面临着北方匈奴入侵和中原黄河水灾的两大难题。为此，秦始皇提出了“南修金堤，北修长城”的施政方略。

子路像

然而，这道金堤还与孔圣人的弟子子路有关，即今山东阳谷与河南台前以堤为界的40千米堤防就被称为“子路堤”。子路（名仲由，又字季路，前542—前480）是鲁国卞里仲村人（今山东泗水泉林镇卞桥村）。传说，子路家境贫寒，为解决生计问题，子路经常奔忙于大堤上下。有一次，年老的父母想吃米饭，可是家里一点儿米也没有，子路就想翻过几道山梁到亲戚家借一些米，以满足父母的这点儿要求。于是，小小的子路翻山越岭走了十几里路，从亲戚家背回了一小袋米，看到父母吃上了香喷喷的米饭，子路早就忘记了疲劳了。邻居们都夸子路是一个勇敢孝顺的好孩子。人们为子路的孝心所感动，就将此段大堤称为“子路堤”，紧挨大堤的“堤上村”也改名为“子路堤村”。

子路去世后，安葬在今河南濮阳县城附近，当地人称子路坟，亦名仲由墓。据北魏郦道元的《水经注·河水》记载，戚城东有“子路冢”。今天，子路墓祠已成为濮阳市的一处重要名胜古迹。

其实，这段堤防为东汉王景治河时所修，原为黄河东汉故道的南堤。当时，考虑到黄河下游的河道淤积泥沙，使河底抬起，成为地上悬河，一旦大堤决坏，后果不堪设想。因此，王景果断提出改变黄河的河道，在两岸修起长堤，并形成千里大堤。

由于黄河下游河道迁徙无常。通常，治河仅限于下游，工程措施主要靠堤防，百姓企盼这些堤防永固。王景治河时兴修的这一段能沿用至今，且仍在发挥着重要的作用。这段近2000年的大堤，人们以金堤颂之，当不为过。

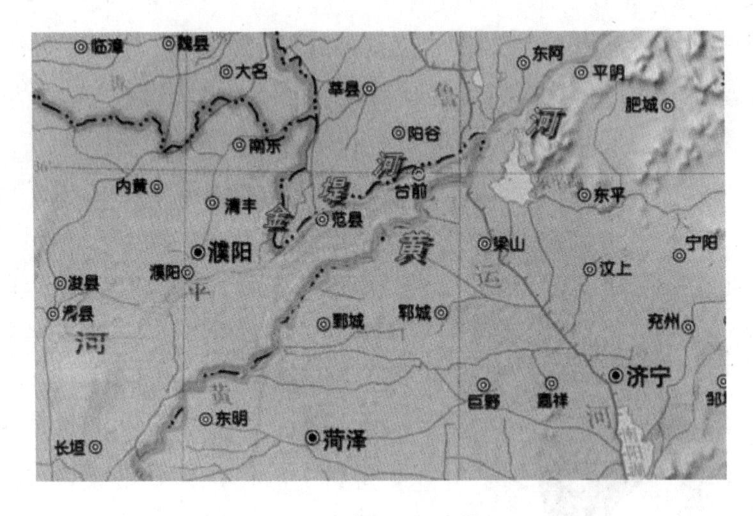

著名的金堤河路线图

金堤今貌

一次建成“千余里”的堤防，这是有文字记载以来明确记述堤防规模的确切数据。修建这道大堤是王景在分析历次黄河水患之后的决断。新的河道使长度缩短，加大了河道的陡度，使洪水行泄能力大为提高。后来黄河平稳了几百年，王景功不可没。

今天，党和政府依旧重视金堤的作用，并且动员民众加固金堤。

1979 年的施工场景——夯实金堤

堤防决溢与堵塞

河工堵塞决口有着悠久的历史。其实，早在 2000 多年前的春秋战国时期就有“植树积薪以备决水”的观点和做法。到了西汉时期，随着堵塞决口的经验不断增多，堵口技术也取得了明显的进步，并对后世影响极大。

西汉淮南王刘安（前 179—前 122）谈到导引水流运动时，提到了“茨”。他说：“掘其所流而深之，茨其所决而高之，使得循势而行，乘衰（降）而流。”此处的“掘”指开挖和疏浚河床，“茨”是堵塞决口。即引导水流要按其流势而行，引向低处。东汉安帝永初七年（113），为实现汴河（亦称为汴渠，汴水）引黄河水的口门稳定运行，曾在黄河南岸汴口石门附近“积石八所，皆如小山，以捍冲波，谓之八激堤”。“积石八所”，很可能是竹笼装石块构件堆积而成。但竹笼易朽，维修费用自然较高。到了阳嘉三年（134），才将荥口石门的竹笼改作砌石工程。

反映堵口技术进步的两个著名案例是瓠子堵口和东郡堵口。这两次堵决口是最早被史籍记载下来的案例，也是采用平堵或立堵的方法来堵塞大堤决口的成功案例。

堵决口工程的一个著名的案例是发生在瓠子堵口之后 80 年的西汉王延世（字和叔）所主持的东郡堵口的工程。这次堵口是在建始四年（前 29）完成的。

汉成帝建始四年，“河决于馆陶及东郡金堤”，即黄河在河北邯郸的馆陶一带决口，4 郡 32 县受灾，淹没田地 15 万顷，冲毁房屋 4 万多处。朝廷命一个御史大夫尹忠带领民众堵此决口，因水深流急，堵塞未成，这个御史不堪受责而自杀。后来在蜀郡的资中（今四川资阳）访得王延世，朝廷授王延世“河堤谒者”，命他主持堵决口的工程。

据《汉书 · 沟洫志》记载，王延世采用的堵塞决口的技术，即“以竹落长四丈，大九围，盛以小石，两船夹载而下之”。竹落即竹笼，用大竹制成竹笼，用来装载块石，再组织民夫用“两船夹载而下之”，最终将决口堵住。这种方法在都江堰工程中也使用过。王延世的竹笼“大九围”是指竹笼直径。古时称拇指和食指围成的周长为一围，9围的周长约合1.8米，直径相当于0.6米。

王延世不辱使命，在堵住决口后，他又命人在决口处添土加高加厚，花了36天，新堤筑成，百姓欢呼雀跃，当地官吏和士绅把这一段新修大堤取名“偃山堰”，或称“偃山”。汉成帝因之改元，改“建始”为“河平”，并册封王延世为关内侯，拜光禄大夫，赐黄金百斤。

淮南王刘安

堵塞决口还关联着气象和水文的知识，以便把握不同季节的水情变化，只有选对堵口的时机，才使堵住口子成为可能。汉武帝派汲任堵塞瓠子决口时，就选择了一个干旱的年份（“是岁旱”）；王延世堵塞东郡决口时，选在初春，也是黄河的枯水期。河平年间（前28—前25），在讨论堵平原决口时，议郎杜钦则更加明确地指出：“且水势各异，不博议利害而任一人，如使不及今冬成，来春桃花水盛，必羡溢，有填淤反壤之害。”大意是，堵决口应在冬季枯水时完成，否则，到了次年春天桃花开，黄河水盛涨的时候进行淤积或堵塞反而有害。可见，这些专家对确定瓠子堵口和东郡堵口的时机是非常重视的。所以，王延世的东郡堵口，“功费约省，用力日寡”，“堤防三旬立塞”。枯水的初春，的确是一个有益堵塞决口的时机。

乾隆帝的治河诗

乾隆到淮安

郭大昌（字禹修，1741—1815）是江苏淮安人。他生长于洪泽湖边，自从记事以后，就目睹洪水肆虐的场景。16岁时（乾隆二十二年），他当上了“帮写”，由于长期钻研河务，他熟习河工技术，对黄河堵口的方法也很了解，人称“老坝工”，后来还曾被淮扬道聘为幕僚。他一生“讷于言而拙于文”，加上秉性刚直，曾被辞退。

康熙和乾隆留在淮安的御碑

乾隆三十九年（1774）八月，黄河在今淮安市区的清江浦老坝口（今钵池山公园北）决口，口门发生崩塌，一夜之间形成的决口，“宽至一百二十丈，跌塘深五丈，全黄入运”，钵池山山子湖顿成泽国，位于板闸的淮安关关署被洪水冲毁，居民四散奔逃。接着，淮安城大半浸在水中，积水深达丈余。“四城官民皆乘屋”，形势十分严重。当时，凌廷堪曾有《河溢》诗：

甲午八月十九日，铁牛岸崩河水溢。黄流浩瀚訇如雷，淮渜（ruán）尽作蛟龙室。黑风吹水相斗争，涛声撼天天为惊。

这里的“铁牛”是指在黄河老坝口，今翔宇大道古淮河桥东，这里

曾安置过的镇水铁牛，也曾用过铁水牛的地名。洪水太猛烈了（“訇如雷”），“铁牛”也镇不住了（“岸崩”）。在这突如其来的大灾难面前，时任江南河道总督吴嗣爵也茫然无措，就请来郭大昌商讨堵决口的办法。吴总督估算，堵塞这样的决口需银应在50万两上下，要50天才能完成。因郭大昌对口门的情况很了解，他就对总督建议，如果他负责堵口的工作，工期可缩至20天，工款也可大减。但他提出要求，在施工期间，只需官方派两名助手，以帮助维持工地的劳动秩序，料物钱粮则由他一人支配。吴嗣爵总督听过，拿出一个图章交与郭大昌，并告诉属下：“见片纸即发帑（银）”。郭大昌领下来任务之后，调清河（今淮安市清江浦区和淮阴区一带）和山阳（今淮安市淮安区）两县民夫数千人。结果，工程完成后，实际只用银10.2万两。乾隆皇帝接到吴嗣爵的奏疏，派钦差到清江浦嘉奖了郭大昌，并免除清河和山阳等几个县的税赋。

郭大昌像

嘉庆元年（1796）二月，黄河又在江苏丰县决口，主管堵口的官员计划堵口用银120万两，江南河道总督兰第锡亦感要钱太多，想减少一半，就与郭大昌商量。郭大昌认为，堵口用银只需30万两就够了。

包世臣像

郭大昌与当时安徽泾县的学者包世臣（1775—1855，字慎伯，晚号倦翁、小倦游阁外史）相识，两人很友好，两人一起调查过黄河、淮河、运河的形势及海口情况，郭大昌就通过包世臣提出不少治河见解，都被采纳。包世臣对郭大昌十分敬仰，他曾经写道：

河自生民以来，为患中国。神禹之后数千年而有潘氏（潘季驯）；潘氏后百年而得陈君（陈潢）；陈君后百年而得郭君。贤才之生，如是其难。

郭大昌的岳父名叫王全一，也是一位老河工，曾将自己在河工上几十年所经历的工程作了记述，并整理成《安澜纪要》和《回澜纪要》两本书，后来由江南河道总督徐端出版。

对于郭大昌的事迹，乾隆还为此赋诗《阅淮安石堤三叠前韵》：

甲午八月，高晋等奏：十九日外河南岸老坝口漫溢，过水溜全注缺口，附近之板闸、淮安一带俱被水淹，房屋人口俱有坍损，城垣幸而未颓。随即饬查抚恤，寻据吴嗣爵等奏：淮城南门外，先已干涸，东门外亦涸。出里许，西、北二门早筑一坝，阻其进水。居民陆续迁归故庐，城市早得安业。因敕河臣上紧堵塞决口，阅二十日即合龙。

淮安无不安，清河并入海。然而安难哉，至今难更倍。辛未始南巡，土堤以石改。

癸酉并涨时，恃此为宁载。惟蕲（qí）奠昏垫，那惜劳畚檋。是后凡三巡，粗识其原委。

然乏永逸图，宵旰廑（jǐn）心每。亦惟事补苴，何有垂范楷。甲午决老坝，岌岌淮城殆。

荡析坏庐舍，迁避市为罢。亟命速堵筑，廿日功成恺。兹观虽少蔚，回忆心犹骇。

2006年，淮安市政府于清晏园中复建江南河道总督署，其中设有郭大昌的塑像，也对他的事迹作了介绍。2014年建成的洪泽勤廉教育基地展览馆，其中也有郭大昌塑像和事迹的介绍，这些都表达了今人对郭大昌的崇敬。

六、治黄英雄谱

早在伏羲的时代，人们就已经知道“规”和“矩”的用处了，也将“规”与“矩”运用在工程建设之上。在管仲提出堤防建设之后，在治理黄河的建设事业中，堤防日益受到重视，而且随着堤防的发展，技术也不断得到改进，至今仍在发挥着巨大的作用。

中流砥柱的惊险

汉朝和唐朝的首都定在了长安，而且城市规模不断增大。早在汉武帝之时，长安城必须借助外部的物资供给，仅运粮食已超过了百万石。在运往长安的途中（河南省地区），要转入黄河运输，而由于黄河水深流急，且险滩较多，特别是三门峡这一段，实在是难上加难。

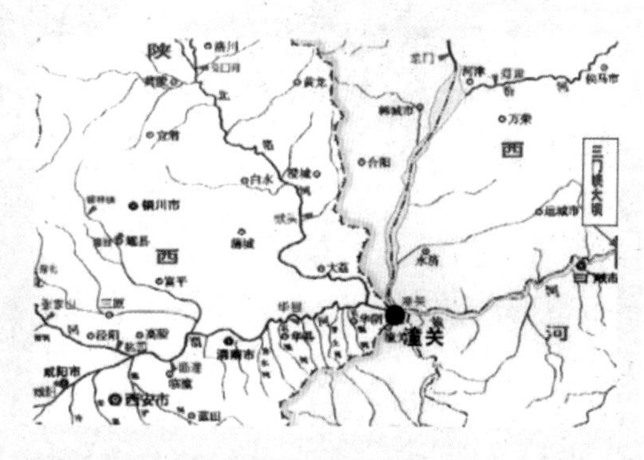

三门峡的位置

关于三门（峡）的河段，郦道元在《水经注》中曾经对这个河段的奇险有过描述。他写道：

河水翼岸夹山，巍峰峻举，群山叠秀，重岭干霄；自砥柱以下，五户以上，其间百二十里，河中竦石桀出，势连襄陆，盖亦禹凿以通河，疑此阏流也。其山虽辟，尚梗湍流，激石云洄，澴波怒溢，合有十九滩。水流迅急，势同三峡，破害舟船，自古所患。

唐太宗像

从郦道元的用词可以看出，这个河段充满旋流、跌水和暗礁等，如此惊险，人们便把这个河段称为“阏（yān）流”。这段中更加险恶的是名为“砥柱”的一段，其险恶主要表现在，矗立于河中的大石岛和小石岛，把水流分为 3 股。这 3 股水流分别流过 3 个门，被称为“鬼门”“神门”和“人门”。所谓“砥柱”就在“鬼门”之下。

唐太宗诗碑

"中流砥柱"位于三门峡大坝下方的激流之中，距市区约 30 千米。枯水期到来时，它露出水面六七米；洪水期，它只露出一个尖头，若隐若现，看上去惊险万分。在惊涛骇浪之中，被拟人化"力挽狂澜"，屹立于激流之中，因此一直被视为中华民族精神的象征。贞观十二年（638），唐太宗李世民来到这里，写下了"仰临砥柱，北望龙门；茫茫禹迹，浩浩长春"的诗句，命大臣魏徵勒于砥柱之阴。著名书法家柳公权也为它写了一首长诗《砥柱》，即

禹凿锋铓后，巍峨直至今。孤峰浮水面，一柱钉波心。
顶压三门险，根随九曲深。拄天形突兀，逐浪势浮沉。
岸向秋涛射，祠斑夜涨侵。喷香龙上下，刷羽鸟登临。
只有尖迎日，曾无柱影阴。旧碑文字在，遗事可追寻。

魏徵像

其中的"孤峰浮水面，一柱钉波心。顶压三门险，根随九曲深。拄天形突兀，逐浪势浮沉"的句子，表现出黄河流经此处的惊心动魄。

相传，"砥柱"是大禹治水时留下的镇河石柱；黄河上的艄公则叫它"朝我来"，相传是一位黄河老艄公的化身。

砥柱

曾经有一位老艄公带领着几条船驶往下游，船行到“神门”河口，天气骤变，风雨交加。刹那间，峡谷里雾气腾腾，看不清方向，眼看小船就要撞向岩石。只见老艄公纵身跳进水中。船工们就听到有人高呼“朝我来，朝我来”，原来是老艄公站在激流当中为船指示航向。船工们驶到近前要拉他上船，一个浪头将船推向下游，离开险地。船过险地，将船拴好，船工们返回去找老艄公，见他已经变成了一座石岛，挺立在激流中，为行船指示航向。为纪念老船工，人们把这座石岛也叫“朝我来”。这就是“朝我来”的来历。此后，中流砥柱成为一个天然的航标，船只驶过三门，就要朝砥柱直冲过去。眼看船就要与砥柱相撞时，砥柱前面波涛的回水正好把船推向旁边安全的航道，避开明岛暗礁，顺利驶出峡谷。

当人们到达“中流砥柱”之时，大都要抒发一些感慨，写下一些诗词，如金代周昂《砥柱图》有诗云：

鬼门幽幽深百篙，人门逼窄愈两牢。舟人叫渡口流血，性命咫尺轻鸿毛。

由于水流太急，如果逆流而上，只在船上操作船桨是不够的，往往要有岸边的纤夫来助力。船工与纤夫喊着号子，合力向前。由于激流险滩，有时还要发生事故，导致船翻人亡。可以看出，为了维持这一段漕运，付出了高昂的代价。

堵决口的汉武帝

在汉初的60余年中，黄河行水是比较稳定的，仅在汉文帝在位时（前179—前157）有一次决口，并很快就被堵住了。据《史记》记载：元光三年（前132）三月，黄河自顿丘改道东南流入渤海。五月，黄河自白马县的瓠子大堤决口，泛滥于淮河和泗河。然后移道东南，注大野泽，通淮河、泗水，泛滥成灾。瓠子是一条河流的名字，它自今河南濮阳分黄河水东出，经山东鄄城、郓城、梁山、阳谷，至阿城、茌（chí）平，东入济水。由于决口长期未能堵塞，灾区连年歉收或绝收，朝廷不得不从巴、蜀调粮赈灾。决口后，东郡、平原、千乘、济南共4郡、32县遭灾，淹没耕地15万余顷，4万多间房屋被毁坏，被迫转移的人口近10万。

汉武帝像

瓠子堤决口后，堵塞决口，救民于水害之中，已成为迫切需要解决的问题。汉武帝下决心堵塞瓠子决口，并委派汲黯（字长孺，？—前112）之弟汲任和郭昌主持堵口事宜。为解除灾患，汉武帝曾派人组织堵塞，但堵决口马上就被阻止，这是由于汉武帝的舅舅、丞相、武安侯田蚡（？—前 130）的食邑在今山东夏津一带，系黄河北岸。田蚡恐殃及食邑，便说“江河决皆天事，未易以人为强塞。强塞之未必应天”，即江河决溢是上天安排的，强制堵塞是不容易的，而且这种强制堵塞也是不符合天意的，百般阻挠复堤。致使汉武帝廿余年间未能下决心堵塞决口。

元封二年（前 109），汉武帝对黄河决口灾患开始重视起来。这时，黄河的激流已冲决瓠子附近的大堤，经东南注入兖州的大野泽，再通往淮河、泗水后入海。遭受水灾的有 16 个郡，农田被淹没，庄稼被毁坏，灾区的纵向可达“一二千里”。过去 20 多年了，这也促使已 47 岁的汉武帝在赴泰山封禅返途中，率领着群臣百官亲临瓠子决口。他要亲自参与并指挥堵口工程。他先默祷着，并下令牵来一匹白马，取来一对洁白的玉璧，投入大河的激流之中，以此表示对河神的敬意，以表对自然（河神）的敬畏，以及战胜困难的决心。

据《史记·河渠书》载，工程并不顺利，“是时东郡烧草，以故柴薪少”。后闻淇园多竹，可作成“楗”“遂”令群臣从官自将军以下皆负薪填河决”。

河南北部的滑县曾经是黄河故道，道口镇苗固村曾是汉武帝刘彻率众堵黄河决口的地方。苗固村西南角有汉武帝率众堵黄河决口的宣防宫遗址。

汉武帝堵塞瓠子决口的大戏

工程之后，汉武帝还特作《瓠子歌》两首，记述了当时的堵口经过。他用“宣防塞兮万福来”的豪言壮语鼓舞士气，不久还“筑宫其上，名曰‘宣防宫’”。朝廷对黄河治理的高度重视也是一个至关重要的因素。汉武帝瓠子堵口的成功业绩，不仅为世人广为传颂，而且被视为治河史上的千古佳话。人们重视它、研究它，因而也成为治河史上的著名堵口案例。百姓深荷皇恩而不敢忘记，通过唱大戏的形式来歌颂他的功绩。

治河名臣贾鲁

贾鲁（字友恒，1297—1353）是高平（今属山西晋城）人，元代著名的河防大臣、水利学家。少年时的贾鲁聪明好学，胸怀大志，长大后好动脑子，腹有良谋。至正三年（1343），贾鲁受命参加宋史的撰修。后来，元惠宗任命贾鲁为行都水监，主持治理黄河的工作。他针对当时“黄河决溢，千里蒙害，浸城郭，漂室庐，坏禾稼，百姓已罹其毒”的悲惨局面，绘出了精细的治水图，同时提出了治河方案。

延祐和至治年间（1314—1323），贾鲁曾任工部郎中，提出过关于工程建设的19项建议。至正九年（1349）受命主持山东、河南等处行都水监。至正十一年（1351），贾鲁又被任命为工部尚书，主管治河工作。贾鲁亲自主持修筑黄河，多次领导治理黄河的工作。

贾鲁像

至正四年（1344），黄河决河改道，河水在山东曹县向北冲决白茅堤，平地水深两丈多。六月，又向北冲决金堤，沿岸州县皆遭水患，使今河南、山东、安徽和江苏交界地区形成千里泛区。为保证运河通航，保护山东和河北沿海地区的盐场不被黄河冲毁，元政府不得不大规模实施治理黄河的工作。

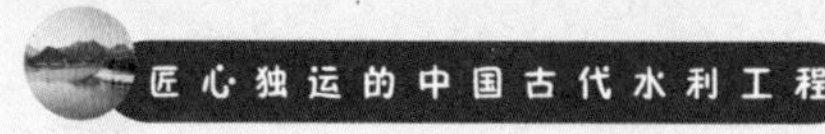

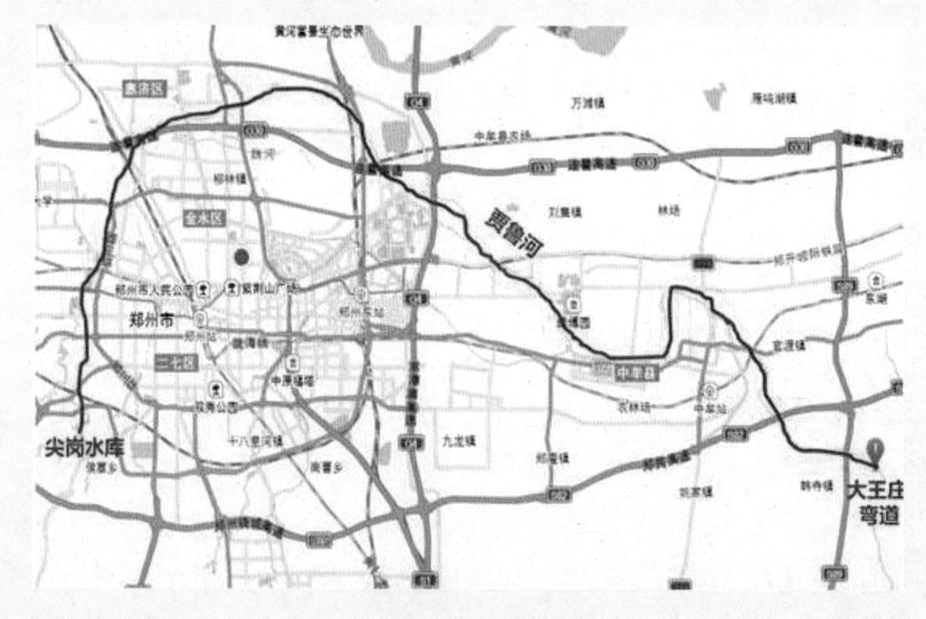

贾鲁河流经的地区

至正八年（1348），元政府在济宁郓城建立行都水监，任命贾鲁为都水使者，次年五月，立山东和河南等处行都水监，专治河患。丞相脱脱（亦写作托克托、脱脱帖木儿，蔑里乞氏，字大用，1314—1356）召大臣们“务虚”——讨论“治河方略”。在会上，贾鲁极力主张，“河必当治”，“必疏南河、塞北河，使复故道，役不大兴，害不能已”。此前，贾鲁为取得治河第一手资料，循行河道，实地考察，往返数千里，掌握了河患问题的症结所在，他“考察地形，备其要害”，并将观察所见绘成图，他提出了两种治河方案：一种是“修筑北堤，以制横溃”；另一种是“疏塞并举，挽河东行，以复故道”。这就是说，决口以下新河道北岸筑堤，限制决河横流，工程量小；或者堵塞决口，同时疏浚下游河道，挽河流回故道，这是能收事半功倍的技术措施。后来，脱脱再次集群臣商讨治河方案。贾鲁参加了治河讨论会，再次提出自己的两个治河方案，尽管会上反对贾鲁方案和另提方案的大臣不在少数，但贾鲁仍然坚持自己的主张，并进一步申述之。脱脱当机立断，决定采用贾鲁的后一个方案。至正十一年（1351），55 岁的贾鲁出任工部尚书兼总治河防使，指挥 15 万民夫和 2 万士兵，开始了黄河治理史上的著名的“贾鲁治河”。此前 2 年，决口之水向东北流到江苏沛县，冲入大运河，危及漕运和盐场。

贾鲁因势利导，因地制宜，在堵截山东曹县黄菱岗大堤决口时，提出了船堤障水法。由于决口水势颇大，又遇秋汛，难以堵截，贾鲁用 27 艘大船，前后连以大桅或长桩，用大麻绳、竹絙（gěng，绳子）将船身上上下下绑扎在一起，捆个结实，构成一艘大“方舟”，将铁锚在上流放入水中。再用长达七八百尺的竹絙系在两岸的木桩上，每根竹絙上系两条船或三条船，使船不会顺流而下。在船中装上石块，稍微铺些散草，用台子板盖上，再用埽密布覆上二层或三层，用大麻绳捆紧，再把 3 道横木系在头桅上，都用绳拴牢，用竹编成笆笼，装上草石，放在桅前，约长一丈，称为“水帘桅”。

在安放之时，选水性好的民工，每条船上两个人，执斧凿，站在船首船尾。当听到岸上击鼓之声，要同时开始凿船底，沉船阻塞决河口。待船沉下之后，水流入黄河故道，马上竖起“水帘”，仍用前面的方法重复操作。这些船依次下沉，层层筑起一座“石船大堤”。

大堤合龙时极其惊险。当堵河口只剩下一二十步时，河水流速太急，作业更加艰难，决水将大埽冲裂冲陷。这时贾鲁表现出惊人的镇定，依然命令万余人扎帮、运埽、叠埽。他还激励施工人员，“日加奖谕，辞旨恳切，众皆感激赴工”。经过极为艰难的努力，终于使龙口堵合，完成了黄陵岗浩大的截流工程，使黄河沿着故道入海。

治河工程开成河道 280 多里，并将河水决流引入新挖的河道，还能通行舟船。筑成各个大堤、全线完工时，终使黄河复归故道，南流合淮入海，治河成功。贾鲁回朝，向元顺帝上《河平图》。贾鲁在堵口技术上的重大创造——石船堤障水法取得成功，清代水利专家靳辅对贾鲁所创的用石船大堤堵塞决河的方法非常赞赏，称其“前古所未有”。

1998 年的大洪水，江西九江的大堤出现决口，当时也采用了用船堵决口的办法。

贾鲁治河方略受到当时和后人高度评价。元顺帝命翰林学士欧阳玄

1998年8月九江决口用运煤船堵塞决口

撰《河平碑》文，以记载治河之劳绩。碑文说："鲁习知河事，故其功之所就如此。"清人徐乾曾说："古之善言河者，莫如汉之贾让，元之贾鲁。"贾鲁治河工程如此浩大，这在我国古代治河史上是不多见的。而黄河复归故道，汴河南流入淮，当地又恢复了生机。百姓为了纪念他，将汴河改名"贾鲁河"，把他曾经居住过的地方定名为"贾鲁河村"，当地人简称为"贾河"。

贾鲁河属淮河水系，为淮河支流沙颍河的支流，发源于新密市，向东北流经郑州市，至市区北郊折向东流，经中牟，入开封，过尉氏县，进入扶沟县后至周口市入沙颍河，最后流入淮河。因时常有洪水泛滥，古人又将它称为小黄河。贾鲁河全长255.8千米，有许多支流，如金水河、索须河、熊儿河、七里河等。古时的贾鲁河水量充沛，为南北漕运干线，后因黄河泛滥而淤塞。今天，贾鲁河已成为包括郑州市在内的沿岸地区的生产生活用水来源及灌溉河道，是河南省境内除黄河以外最长、流域面积最广的河流。

贾鲁河景色

治河名家潘季驯

潘季驯（字时良，号印川，1521—1595）是湖州府乌程县（今浙江省湖州市吴兴区）人，是著名的水利学家。嘉靖二十九年（1550），潘季驯登进士第，后于江西和广东等地任职。从嘉靖四十四年（1565）到万历二十年（1592），他先后4次出任总理河道都御史，主持治理黄河和运河的工程，是明代治河诸臣在总理河道上的任职最长者，以治水功绩累官至太子太保、工部尚书兼右都御史。

潘季驯像

在主管治河的事务时，潘季驯不辞辛劳，他先后到河南、南直隶（今江苏、安徽和上海地区）视察。每到一地，他都要深入到工地，了解和指导工程的进展。他“日与役夫杂处畚锸苇萧间，沐风雨，裹风露”，可谓不辞辛苦。他对黄河、淮河和运河的综合治理提出的原则是：“通漕于河，则治河即以治漕，会河于淮，则治淮即以治河，会河、淮而同入于海，则治河、淮即以治海。”这里的“河”是黄河，“淮”是淮河。大意是，漕运通畅在于运河（的通畅），因此，治理运河就是治理漕运；黄河会于淮河，治理淮河就是治理黄河；黄河与淮河都要归于大海，要顺畅地归于大海就要疏浚入海口。

潘季驯视察汛情

嘉靖四十四年（1565），潘季驯第一次出任都察院右佥都御史总理河道，但第二年因母丧丁忧回籍，中断了治河的工作。隆庆四年（1570），他第二次被任命为都察院右副都御使，总理河道提督军务，可能是由于缺乏经验，第二年因“漕船行新溜中多漂没”而被免职。万历四年（1576）夏，崔镇决口，高家堰湖堤大坏，淮、扬、高邮、宝应间皆为水浸。潘季驯第三次被任命总理河道、右副都御史，又兼工部左侍郎，总理河漕，兼提督军务。潘季驯以故道久湮，浚复后，又议在崔镇筑堤以塞决口，筑遥堤以防溃决。“淮清河浊，淮弱河强，河水一斗，沙居其六，伏秋则居其八，非极湍急，必至停滞。当借淮之清以刷河之浊，筑高家堰束淮入清口，以敌河之强，使二水并流，则海口自浚。”这是对黄河进行了一次较大规模的治理。这一次得到内阁首辅张居正（字叔大，号太岳，1525—1582）的支持。九月，兴起两河的大工程，至次年冬季竣工，黄河下游得以数年行水正常。事后还得到万历皇帝的赏赐。万历八年（1580），“河工告成”，神宗降旨奖谕，加潘季驯为太子太保，升为工部尚书兼都察院左副都御史。

潘公桥

万历十六年（1588 年），潘季驯开始第四次治河工作后发现，以前所修的堤防经过数年已有败蚀者，大大降低了防洪的作用。为此，又在南直隶、山东、河南等地，普遍对堤防闸坝进行了一次整修加固工作。仅在徐州、灵璧、睢宁等 12 个州县，加筑的遥堤、缕堤、格堤、太行堤、土坝等工程共长 13 万丈。在河南荥泽、原武、中牟等 16 个州县中，又筑遥堤、月堤、缕堤、格堤等几种大堤和新旧大坝长达 14 万丈，进一步巩固了黄河的堤防，对控制河道行洪起到了一定作用。

在家乡时，潘季驯见到湖州北门苕溪和霅（zhà）溪汇合处水势湍急，交通不便，遂捐银 2500 两，发起建桥的倡议，从选择桥址到施工均亲自参加。从万历十三年破土动工，历时 5 年竣工，被称为“潘公桥”。该桥工艺精湛，风格古朴，气势雄伟，为湖州市内著名古迹。

陈潘二公祠

万历二十三年（1595 年），潘季驯逝世，享年 75 岁。潘季驯的著作主要有《河防一览》《两河管见》《宸断大工录》和《留余堂集》等。

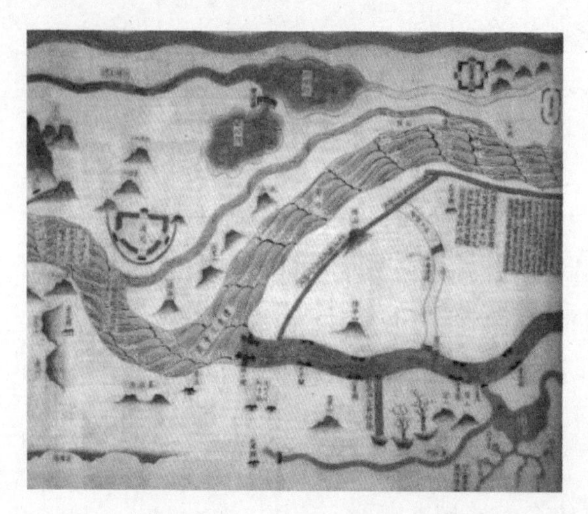
潘季驯绘制的《河防一览图》（局部）

潘季驯逝世后归葬故里，墓在升山三墩村，遗憾的是，毁于“文革”之中。江苏省淮安市清江文庙内的陈潘二公祠是明代两位治水名臣陈瑄和潘季驯的合祀祠。该祠始建于明代正统年间(1436—1449)，原名恭襄祠，因清乾隆年间在祠中加祀河道总督潘季驯，改名为陈潘二公祠。其中的“陈”是陈瑄（字彦纯，1365—1433），是一位将领，也是水利专家，明清漕运制度的确立者。

2019年12月6日，潘季驯被中华人民共和国水利部公布为第一批“历史治水名人”之一。

潘季驯墓地

鞠躬尽瘁的靳辅

清顺治十六年（1659）至康熙十六年（1677）间，黄河、淮河和运河连年溃决，且出海口淤塞，使运河断航，影响漕运，还使大片良田沦为泽国。因此，治理黄河就摆到了国家的议事日程之上。

靳辅像

靳辅（字紫垣，1633—1692）是辽阳州（今辽宁辽阳）人，是水利工程专家。他于顺治时（1644—1661）任内阁中书，后充任国史院学士、纂修《清世祖实录》的副总裁官，及改任武英殿大学士兼礼部侍郎。康熙十年（1671）授安徽巡抚，后从安徽巡抚任上调任河道总督，官衔全称为“总督河道提督军务兵部尚书兼都察院右副都御史”。这年他已 45 岁，一直到 60 岁病逝，长期致力于治河工程。靳辅出任河道总督之时，河道年久失修，黄河和淮河泛滥已非常严重，而且缺乏得力的治河人员。靳辅对黄河水患进行了全面调查后提出了对三大河流（黄河、淮河和运河）进行综合整治的详细方案，并积极组织施工，终使堤坝坚固，保证了漕运通畅。

康熙十六年（1677），靳辅于三月接到河道总督的任命，四月到宿迁上任（当时河道总督驻地山东济宁），然后他就开始视察河道，历时两个月。七月十九日，他一天连上八疏，上报在调查河道并认真进行研究后得出的建议。他把治河的措施分为 8 个问题，每题一疏，所以写就了“八疏”，史称“治河八疏”，且“八疏同日上之”。他在奏疏中确定了治河总方针，即“审其全局，将河道运道为一体，彻首尾而合治之”。这就是说，必须从全局看问题，要从整体上进行谋划，把河道、运道一起治理，即将黄河、淮河与运河综合考虑之，全盘考虑防汛、减灾、通航、漕运等事宜。他更加强调治理黄河的重要性，这关系到几省的安危，不能只注意解决漕运的问题，而放纵黄河任意冲刷。在治河工作中，他主要运用了明代治河专家潘季驯的“束水攻沙”的方法，也就到了“寓浚于筑”等方法。

淮安清口是黄河与淮河交汇的地方，云梯关又是淮河和黄河的入海必经之路。靳辅治河的具体方法是，首开清口引河 4 道，修筑束水堤 18000 余丈，塞大决口 16 处。靳辅认为，欲使下流得治，必先治好上流。因此，为防止黄河下流决口，又提出在上流建减水坝，在涨水时可用以宣泄。对清口也进行了深浚，靳辅又在高邮湖中离决口 50 余丈的地方筑偃月形堤，筑成的西堤长 605 丈，还另有河堤，长 840 丈。康熙帝把新挑河命名为“永安河”，新河堤命名为“永安堤”。然而，由于在修治之时仍发生着水患，引起了一些争论。为此，靳辅受到革职的处分，但朝廷仍命他督修工程。

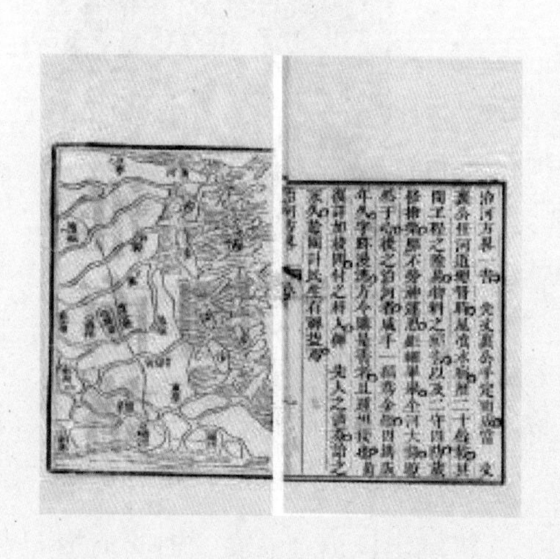

清代河道图

在实施工程期间，靳辅坚守在工棚，对工程质量严格把关，发现偷工减料要随即返工，对责任人严惩不贷。所谓惩罚，除了杖责，还要枷号于河堤之上，还要赔付返工的全部费用。清水潭工程竣工后十多年未发生决堤，彻底改变了高邮湖年年修缮、年年溃决的历史。此后，靳辅在张家庄运口经骆马湖，沿黄河北堤的背河，再经宿迁、桃源，到清河仲家庄开了一条名为中河的新河，可使黄河、淮河、运河分流。

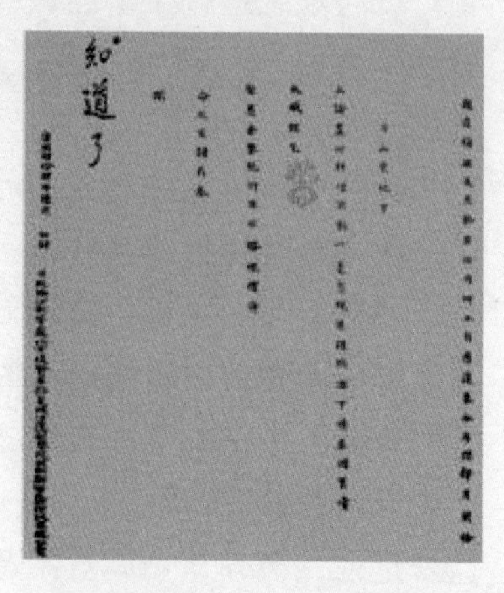
知道了

康熙皇帝对河工事宜的批复

到康熙二十二年（1683），靳辅基本上解决了黄河和淮河复归故道的问题。次年（1684），康熙南巡，在到达山东郯城县红花铺时，靳辅陪着康熙帝在黄淮之间检查黄河、淮河和运河的水势、灾情及治河工程进展情况。在向康熙汇报时，靳辅指出，治河最艰难，要先采用“治其大而略其小”的策略，要先用减水坝解决迫切的大水患，然后再图长远，最后再塞住减水坝。在这次南巡后，康熙帝把所著《阅河堤诗》亲洒翰墨，赠与靳辅。诗曰：

防河纡旰食，六御出深宫。缓辔求民隐，临流叹俗穷。
何年乐稼穑？此日是疏通。已著勤劳意，安澜早奏功。

得到皇帝赠诗后，靳辅治理黄河水患的决心就更坚定了。

康熙二十八年（1689）正月，靳辅再次跟随康熙帝南巡阅河。对于开浚中河，靳辅向皇帝提出，开浚之后不但可以解决水淹民田，还能通漕船，如令漕船由此通行，可免黄河180里之险。如再把遥堤进一步加固，就更保险了。康熙帝听从了靳辅的建议，指示继续完成中河善后事宜。

运河航道

康熙三十一年（1692），靳辅的病虽然日益严重，他还连连上疏，对如何继续修治黄河、淮河和运河提出了意见。不久，因发烧不止，靳辅请求退休，被批准。十一月十九，靳辅逝世于任所，终年60岁，清廷按例给予祭葬。康熙三十五年（1696），清廷准予在黄河岸边为靳辅建祠。靳辅生前著有《治河方略》，为后世治河的重要文献。

治河奇才陈潢

康熙十六年（1677），靳辅调为河道总督，其治河十余年取得的成功，陈潢的襄助之功不可忽略。

《治河方略》

康熙二十四年（1685），靳辅为解决下河地区的水患，他上疏提出建重堤，这导致了一场争论。在奏疏中，靳辅先从历史上论证高邮、宝应诸湖是由高家堰、翟家坝旁流东注的结果，从此农田变为汪洋，为患于下河。靳辅以实测说明，运河堤比高家堰堤顶低一丈多，因此，应该建减水坝，在堰堤泄水1000方，在运河堤则可泄水1200方，可使运河堤安然无恙。他明确提出，自翟家坝起，历唐埂、古沟、周桥闸、高良涧、高家堰，筑重堤一道。这个工程的益处是，不仅使东堰堤减下之水北出清口，洪泽湖之水不再淹下河，下河十余万顷之地可成为良田，又可使高宝诸湖开出田地数千顷，再招人屯垦，可充实国库。此堤还可以保护高家堰，并使行于堤内河上的商民得到便利。在这篇奏疏中，靳辅专门说了些推荐陈潢的话。

靳辅和陈潢

陈潢（字天一，一作天裔，号省斋，1637—1688）是秀水（今浙江嘉兴，一说钱塘，今浙江杭州）人，他自幼聪颖过人，博学多才，平时留心治学，精通地理方舆之学。他是清朝治河名臣，年轻时喜欢阅读农田水利的书籍，曾到宁夏和河套等地区实地考察，还细心研读治理黄河的理论。

康熙三十三年（1694），康熙皇帝南巡阅工时，问靳辅：“尔必有博通古今之人为之佐！”靳辅答道，是的，有一位名叫陈潢的人，他“通晓政事……凡臣所经营，皆潢之计议”。他还说：“臣垂老多病，万一即填沟壑或卧病不能驰驱，则继臣司河者，仍必得陈潢在幕佐之，庶不歧误。”康熙帝准其所请，授陈潢佥事道衔，参赞河务。

陈潢的治河原则是，“鉴于古而不泥于古”，“有必当师古者，有必当酌今者”；“总以因势利导，随时制宜为主”。也就是说，古人的经验可以借鉴，但不可视为教条；以古人为师，但是更要对于今天的现实思考（“酌”）透彻。总之，要“因势利导”，要随时考虑现实的情况。

传说，康熙十年（1671），靳辅在赴安徽就任巡抚的途中，路经河北邯郸，见吕祖庵的墙壁上题有诗句：

> **四十年中公与侯，虽然是梦也风流。我今落魄邯郸道，要替先生借枕头。**

靳辅甚为惊异，经询问，诗为游居吕祖庵中的陈潢所题。他很欣赏陈潢的才学，二人交谈也甚为合拍，且所见略同。靳辅遂聘为幕宾。后来，靳辅任河道总督，陈潢亦随往。陈潢为制定治河工程计划，跋涉数百里，不惧险阻。凡治河之事，靳辅必相咨询，陈潢也能一一作答。因此靳辅所取得的治河成就，皆与陈潢一同谋划。

陈潢要建功立业，是想更好地造福百姓，并不是为了名利。所以，每次取得成绩康熙给他赏赐时，陈潢都未接受。他一生都没有功名，而且也未同意随康熙进京。

陈潢与靳辅在一起视察河情

康熙二十六年（1687），为了根除黄淮水患，陈潢提出了彻底治理黄河和淮河的建议，即在黄河和淮河的不同河段实施“统行规划、源流并治”。遗憾的是，这些治河的方案未被朝廷采纳。翌年，靳辅和陈潢又以“屯田”事触犯了一些豪绅的利益，遭到参奏，以“攘夺民田，妄称屯垦”的罪名被参劾而削职，陈潢也被革去佥事道衔“解京监候”，并含恨而死。

康熙三十一年（1692），靳辅建议朝廷为陈潢平反昭雪。陈潢的同乡张霭生将陈潢治河论述编辑成书，为后世治河者所借鉴。陈潢的《河防述言》和《河防摘要》都附载于靳辅《治河方略》之后。

今天，陈潢与靳辅的这些观点已成为治河者的共识。

七、水利技术的发展

从气候变化看，黄河流域降雨少，气候较为干旱，而西北地区更甚。北方的春天风比较大，往往旱情严重，而降水大都集中在夏秋之交。在北方地势平坦的地方，雨季积水难排，容易造成严重的洪涝灾害。距今8000—4500年前，华北的年平均气温比现在高得多，降水量也比现在大得多；甚至使阔叶林扩展到北方地区，最北曾达到蒙古高原。当雨季洪水泛滥时，造成了北方严重的洪涝灾害。南方多雨湿润，但那里的降水量全年分布也不均匀，往往会造成旱涝灾害。由于南方多水田，种植的水稻要及时排灌，这需要建设水平较高的水利设施。因此，从新石器时代，地不分南北，民众一直在经受水旱灾害，也因此涌现了许多英雄豪杰，治理旱灾和水患，中华大地流传着有关他们的传奇故事。

井田的灌溉系统

如果从河北省保定市徐水区南庄头新石器时代早期遗址的水沟算起，中国农田灌溉或排水渠道的开凿已经有上万年的历史了。进入青铜时代，经过鲧和大禹等先民的努力，农田灌溉渠道已形成一定的规模，并初具系统。从土地规划来看，这还与古代的井田制有关系，可形成规则的地块；到了殷周时期，农田灌溉渠道和田间道路系统就比较完备了。根据先秦的文献记载，“井田”的情况大致是这样的：

在夏、商和西周三个朝代，社会环境较为理想，农业耕作大抵都实行井田制的作业方式。具体的做法是，先划出方整的农田块，面积为1

平方周里[①]，也就是900周亩[②]。这样的大小被定为一“井”。每井再分成相等的9块，每块100亩，称为1夫。每井四周的8块田（8夫）为私田，可由8位农夫耕种，既每位农夫可分到100周亩，收获也归农夫私有。当中的一块（1夫）是公田，规定由这8位农夫合种，收获归公（相当于向国家交纳税赋）。夫与夫之间要开出渠道，宽2周尺[③]，深2周尺，称为“遂”；遂边筑道路，称为“径”。

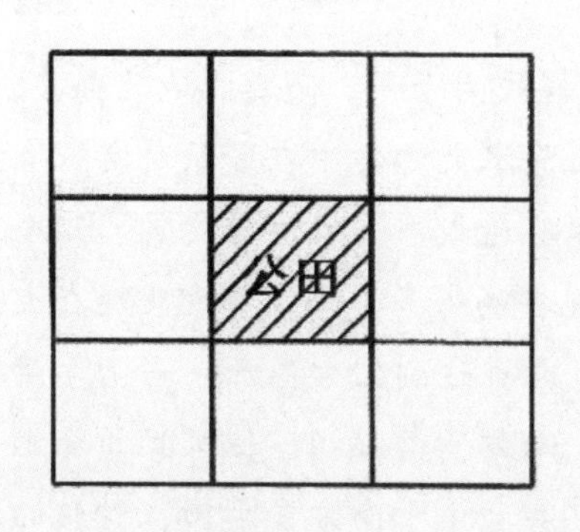

井田平面图

井与井之间也要开出水渠，宽4周尺，深4周尺，称为“沟”；沟边仍要筑道路，称为“畛”（zhěn）。10夫称为“成”；成与成间要开出水渠，宽8周尺，深8周尺，称为“洫”；洫边筑道路，称为“涂”。100夫称为“同”；同与同间开凿出干渠，宽16周尺，深16周尺，称为“浍”；浍边筑道路，称为“道”。浍则直通河川，川边筑道路，称为“路”，通到京畿。这些字或词——术语，今天大都仍在使用。

小结一下，遂、沟、洫、浍为渠道，径、畛、涂、道、路为道路；夫、井、成、同则为地积单位。

从更大的区域看，也可按照天下的地势来规划沟渠和道路，如果在两山之间有天然河川，河川边上一般要有人工修筑的道路。距今6900—4500年前的浙江宁波的施岙（ào）遗址古稻田是目前世界上发现的面积最大、年代最早、证据最充分的古稻田，是史前考古的重大发现。它的古稻田结构可能呈现的是“井”字形。良渚文化时期的稻田结构基本清楚。纵横交错的凸起田埂组成了宽大的路网，田埂不能相连的部分区域组成灌溉系统。这使今人对史前时期水稻田有了更加清楚的认识，也对远古时的水利情况有了较多的认识。

---

① 1周里 = 1800×0.1991米 = 358.38米。

② 1周亩 = 0.3567市亩。

③ 1周尺 = 0.1991米。

管仲的水利研究

溯源水利与社会经济的发展，最早的研究成果被记录在《管子》一书的《度地篇》中。《管子》是一部稷下黄老学派的论文汇编，但书名用的是齐国的相管仲的尊称。

管仲像

管仲（名夷吾，字仲，又称为敬仲，约前723—前645）是春秋时期齐国著名的政治家和农学家。他是颍上（今安徽颍上）人。他被好朋友鲍叔牙推荐，并得到齐桓公（姓姜，名小白，前685—前643在位）的重用，在齐国实施政治、经济和军事的多方面的改革。他的这些改革措施使齐国登上“春秋五霸”之首，因此，管仲被齐桓公尊称为“仲父”。在管仲的大力辅佐下，齐国经济发展，国力日渐强大，“九合诸侯，一匡天下”，使齐桓公的霸业达到了顶峰。管仲所取得的业绩也备受后人的推崇，连孔子都说：“微管仲，吾其被发左衽矣！”

管仲也是一位水利专家。他不仅非常重视水利研究，推进齐国的水利建设，还对后世治水事业影响深远。他把治水视为治国安邦的头等大事。据说，齐桓公在与管仲一同商量治国的大政方针时问管仲，怎样才能把一个国家治理好呢？管仲答：“善为国者，必先除其五害。”即能治理好国家的君主要先除去“五害”，所谓“五害”，即水、旱、风雾雹霜、瘟疫、虫灾等。“五害之属，水为最大。五害已除，人乃可治”。大意是，要百姓安居乐业，国家繁荣昌盛，必须采取有效措施消除水灾、旱灾等自然灾害。

管仲将水的性质、水的运行规律以及水利技术等内容整理成《度地篇》。主要内容有三个方面，即灌溉工程、堤防工程和管理。

齐桓公像

管仲认为，要设置专管水利工程的“水官”，选拔熟悉水利工程的人来担任；冬季要对河渠堤坝进行检查和维护；汛期到来，险要地段要设专人防护。“终岁以毋败为固，此为备之常时，祸从何来？”这是说，要常年保持水利工程的完整和牢固，加强防汛，祸患还能产生吗？对施工，要考虑齐国的气候特点，“春三月，天地干燥，水纠裂之时也”，这时土的含水量适宜，易于夯实，工程质量有保证。逢枯水季节，可从滩地取土，既可节省堤外土源，避免毁坏农田，又能疏浚河道。在筑堤时，他主张，堤坝的剖面呈上小、下大的“梯形”；还要植树、种草，既可以巩固堤防，又可以为抢险、堵漏备下物料。关于城市水利，管仲认为，“凡立国都，非于大山之下必于广川之上。高毋近旱而水用足，下毋近水而沟防省。因天材，就地利，故城郭不必中规矩，道路不必中准绳。”就是说，选择都城或城市的位置，不要很高，以免造成取水的困难；也不要太低，以减少防洪排涝的工程量。良好的水利环境对于城市建设是必不可少的，既要拥有足够的水资源，又要具备良好的防洪条件。城市建设布局要因地制宜，视地形和水利条件而定，不必拘泥于一定的建筑形式。2000 多年前，管仲的这些认识充分反映当时齐国对水利建设的重视程度，也对后世产生了一定的影响。

汉武帝的水利决策

汉武帝像

汉武帝刘彻非常重视水利建设，一者是治理水患，二者是兴修水利。他兴修水利有三个目的。一是要便利漕运。另一个是灌溉民田，增加土地肥力，改善生产条件。第三个是对水灾要事先有所准备。

元鼎六年（前111），在左内史倪宽奏请穿凿六辅渠时，汉武帝认为："农，天下之本也。泉流灌，所以育五谷也。左、右内史地，名山川原甚众，细民未知其利，故为通沟渎，畜陂泽，所以备旱也。令吏民勉农，尽地利，平徭行水，勿使失时。"大意是，汉武帝所说的吏民勉农，是大力发展全社会的农业生产，并使小农勤于耕织。

汉武帝之所以很重视治水，是他充分认识到水利对国计民生的意义。堵塞瓠子决口后80多年黄河未发生大水灾。这种由政府组织、皇帝亲临工地直接指挥的治理黄河工程，是历史上的第一次。它是武帝一生中的丰功伟绩之一，比起打败匈奴的军功毫不逊色。

在开凿漕渠的同时，有个叫严熊的人，他上书汉武帝，建议修渠引洛水灌溉今陕西蒲城、大荔一带万余顷旱地。汉武帝采用了他的建议，征发民工万余人，修凿龙首渠，工程历时10余年才完成。龙首渠的商颜山段打通暗渠，是我国古代水利工程中的一项创举。

内史倪宽在任上大力通沟渠，蓄水源，费力很大。汉武帝为了督促各地官员重视兴修水利，发展农业生产，特意下诏表彰内史倪宽。鼓励官吏百姓像倪宽一样在辖区内努力务农，发挥土地的潜力，合理地使用自然资源，千万不要误了农时。这个诏书，表明了武帝对农业的重视，也道出了他兴修水利工程的目的在于发展农业生产。

汉武帝的《瓠子歌》很有气势，形象地描摹出水患的猖獗和治水的热烈场面。汉武帝亲临瓠子治水患，有很大的象征意义和号召性，水利灌溉事业也由此普遍展开，迅速发展。汉武帝时期的水利工程并不仅限于关中和关东地区，还推广到新疆、宁夏、内蒙古、云南等最边远的地区，使当时的人均占有溉田面积达到约 0.4 亩。武帝一朝开发并受益的大中型农业灌溉水利工程，大约占秦至两汉 400 年间全部水利工程总量的 50%。

司马迁曾在《史记》中写道："自是之后，用事者争言之利。朔方、西河、河西、酒泉皆引河及川谷以溉田。而关中灵轵、成国、渠引诸川，汝南、九江引淮，东海引钜定，泰山下引汶水。皆穿渠为溉田，各万余顷。它小渠及陂山通道者，不可胜言也。"甚至，这种重视水利的思想形成了一种传统。

贾让的妙策

西汉时期，黄河下游河道发生了较大的变化。具体地讲，首先是由于人口增加，黄河的河滩上就出现了许多村落，有人还修筑"直堤"（相当于现在的生产堤）来保护田地和家园。然而，由于堤距宽窄不一，窄处仅数百米，宽处则可达数里、数十里，有的堤线则较为曲折。如从黎阳（今滑县）至魏郡昭阳（今濮阳西）的两岸筑石堤挑水（类似挑水坝），百余里内就有 5 处。更为棘手的是，黄河下游已成了"地上河"，造成西汉时的黄河下游决溢较多，西汉后期的决溢要更多。如从元封二年（前 109）到新莽始建国三年（11）的 120 年中，有明确记载的黄河决溢就达 11 次。如此多的决溢之害，特别是难以预料的潜在之害，是此前从来没有过的。始建国三年，黄河大决于魏郡元城，泛滥的范围遍及冀、鲁、豫、皖、苏等地近 60 年，造成了黄河改道。直至王景治河后，黄河才恢复平静。

如此大的决溢是由于水利工程年久失修造成的，而且还没有什么好办法，因此在绥和二年（前7），汉哀帝刘欣下诏，要求举荐能治河的专家。贾让应诏上书，提出了著名的治河“三策”。简要地说，贾让的上策是滞洪改河，中策提出筑渠分流，下策则为缮完故堤。在具体治理黄河之时，要对“三策”进行了对比、选优和评估。

贾让像

具体来说，贾让的上策是：“徙冀州之民当水冲者，决黎阳遮害亭，放河使北入海。”大意是，黄河水泛滥会使河北百姓直接受害，土地和财产就会被冲走，这里的百姓应被迁走。冀州之民当水冲者，应该是指太行山东麓以东张甲河和屯氏别河以西、漳河以南、黄河西岸大堤以北的地方。具体地说，包括黎阳、内黄、魏、邺等几个县。依上策之目的，要决开黄河西岸的黎阳的“遮害亭”（今滑县西南），使黄河改道向北流去，并穿过魏郡（今河南南乐县一带）的中部，然后再转东北入海。他认为，只有采取这样的措施，“河西薄大山，东薄金堤，势不能远泛滥，期月自定”。也就是说，黄河一边靠着太行山，东边受到金堤的约束，就不会泛滥得太远，有一个月就会平复了。这样，严重的黄河水患就能得到解决。

其实，这是一个人工改造黄河河道的设想。贾让欲改黄河的河道回到原来黄河的故道，即“禹河故道”，这也应该是可行的。但人为改道要付出很大的代价，需要迁移冀州（今河南东北部和河北东南部）一带的居民。也就是说，改了河道将会“败坏城郭田庐冢墓以万数，百姓怨恨”。

对此，贾让却不以为然。此前，为了弄清楚治理黄河的要领，贾让曾到黄河下游东郡一带进行实地考察，使他对战国时期黄河下游两岸大堤兴建的历史过程有所认识。齐国、赵国和魏国修成的大堤“虽非其正，水尚有所游荡”，汛期涨水，在宽广的河道内可“左右游波，宽缓而不迫”。

到了汉代，沿河居民不断与河争地，堤内筑堤，民居其中，致使堤距日益缩小变窄，“堤防狭者去水数百步，远者数里”，而且从黎阳堤上北望，“河高出民屋”，形势严峻。

当时该地区不仅人口稀少，农业生产也比较落后，已有大量的田地荒芜。选择旧的河道（“禹河故道”）为黄河的新河道是有一定的合理性的。他为此算了一笔账，“濒河十郡治堤岁费且万万，及其大决，所残无数”，“如出数年治河之费，以业所徙之民”，就能使改道计划成功。这种改道的策略对后世的影响是比较大的。可见，针对汉代黄河河患频发的情况，贾让提出的“宽河行洪”的思想还是有一定的道理的。

贾让在上策结尾说：“大汉方制万里，岂其与水争咫尺之地哉？此功一立，河定民安，千载无患，故谓之上策。”可见，“上策”的主旨是使黄河在冀州改河道，并非难以实行。他用“岂其与水争咫尺之地哉”的口吻，或许料到难以实行，颇显无奈。

“中策”的主要思想是在冀州区域内，“多穿漕渠于冀州地，使民得以溉田，分杀水怒”。即开渠建闸，发展引黄灌溉，分流洪水。这也可视为上策的某种改变。其主旨则是在冀州穿渠。这大致是在上策中所选择改道的地方，向北新筑一道渠堤，西有山脚高地，东有渠堤，这便构成了新的渠床。具体措施是“淇口以东为石堤，多张水门”；并在水门以东修一长堤，“北行三百余里，入漳水中”。在长堤旁多开渠道，“旱则开东方下水门溉冀州，水则开西方高门分河流”。大意是，在加固淇河口至遮害亭一段的黄河堤防后，要在堤上多开几处水门，新筑的东边渠堤上也建若干处分水口门，组成许多分水渠。这样，旱时就可引水灌溉，遇上洪涝则可分流洪水。可见，穿渠的目的，有灌溉兴利的好处，更重要的则是为了分洪。这样，贾让认为可以避三害、兴三利，即

民常罢（疲）于救水，半失作业；水行地上，凑润上彻，民则病湿气，木皆立枯，卤不生谷；决溢有败，为鱼鳖食；此三害也。

若有渠溉，则盐卤下湿，增淤加肥；故种禾麦，更为稻，高田五倍，下田十倍；转漕舟船之便；此三利也。

这两段的大意是，“三害”使民众常常进行救灾（“救水”），对农田的耕作时间就要减少一半；水行在大地，发挥其“润”的特性，百姓也会因其“湿气”而患病，树林枯萎，盐碱（“卤”）地“不生谷”；而一旦“决溢”会造成巨大的损失。贾让还列出“三利”（不赘解释）。同时，贾让还强调，沿河各郡大都有治河吏卒数千人，每郡每年治河经费数千万，以前能花费如此人力物力，“足以通渠成水门”。又由于“民利其灌溉，相率治渠，虽劳不罢（疲）。民田适治，河堤亦成”，真可谓一举两得。果如此，贾让以为可“富国安民，兴利除害，支数百岁，故谓之中策”。贾让认为，这一规划一旦实施，魏郡以下的黄河灾害不仅可以减轻，而且冀州的部分土地还可得以放淤改良，同时还有通漕航运的便利。贾让这种“分杀水怒”的穿渠主张，从治河的角度讲，当属于分疏一类，所产生的作用应是积极的。

如不采取以上两策，则可考虑“下策”。所需要采取的措施是，在原来狭窄弯曲的河道上“缮完故堤，增卑倍薄”，进行小修小补。这就是要继续加高培厚原来的堤防，贾让认为，这样做的后果必然是“劳费无已，数逢其害，此最下策也”。但贾让同时认为，即使花费很大气力，也不会收到好的效果。为什么呢？在他看来，堤防是限制洪水畅泄的严重障碍。因此，固堤也就成了下策，是没有办法的办法，不得已而为之。

东汉史学家班固（字孟坚，32—92）以千余字的篇幅把贾让的“治河三策”完整地记入《汉书·沟洫志》中。贾让的看法被誉为我国治理黄河史上第一个带有规划色彩的思想，也产生了深远的影响。

理渠的理论

早在西汉平帝刘衎（kàn）在位时（前1—6），黄河与汴渠同时决口，并且未能及时堵塞，拖了很久之后，到东汉光武帝建武十年（34），才开始修复堤防，但动工不久，又因有人提出民力不及而停工。后汴渠向

汉明帝像

东泛滥，旧水门都处在河中，兖州和豫州（今河南、山东一带）的百姓苦不堪言，怨声载道。

汉明帝刘庄在位时（58—75），黄河和汴渠决坏，未能及时堵塞。永平十年（67），阳武县令张汜报告，决坏的河道已使包括阳武县在内的几十个县受灾，应该尽快开启修复黄河与汴渠的工程。汉明帝看到这个奏章之后，就准备动工，修治河道。然而，在开工之前，浚仪县令上书朝廷，他描述的却又是一番情景。他说，当时的百姓沿河垦殖，希望安居，不想因为工程而使他们的居住地区受到破坏。后来，汴渠又出现问题，使一些工程设施也被浸没在黄河之中。面对两种不同的意见，汉明帝表现得比较“民主”。他组织大臣们论证河渠工程的问题，但是两种意见争执不下，难以调和，使朝廷难以作出决断。不过，汉明帝知道有个治河的专家叫王景，他对于水利工程有研究，就要召见他，听听他的意见。

王景治河图

东汉时，由于首都从长安迁到洛阳，当时的首都消耗的各种物资都要经过汴河输运，这种物资的运输称为“漕运”。如果修不好汴渠，就会影响漕运。当汴渠发生溃决后，漕运损失已对朝廷的运作和百姓的生活产生了一些影响，而沿途百姓受灾，搞不好会失去民心。这样，王景的建议促使汉明帝下决心，治理汴渠。

汴渠位于黄河以南平原地区，黄河南泛时往往受灾较重。汴渠引黄河水通航，从今郑州西北引黄河，经过开封、商丘、虞城、砀山、萧县，流至徐州入泗水，再入淮河，因此，汴渠沟通了黄河、淮河两大流域。由于黄河水流之势经常变化，保持取水的稳定成为保持汴渠正常行水的一大难题。治理汴渠的工程在次年夏天完工，工程费用超百亿钱。

汉代，堤防的修建和保养得到了朝廷的高度重视。西汉时已设有“河堤都尉”或“河堤谒者”等官职，具体负责黄河堤防的修筑、守护和保养。汛期，沿河各郡防守河堤的专职人员少则数千、多则上万，而参与防守的民众应该更多。

王景主持的治黄工程完成不久，汉明帝颁诏进行表彰，其中写道：“今既筑堤，理渠，绝水，立门，河汴分流，复其旧迹。”对王景的理渠理论多有褒奖。

王景提出的“理渠”理论的中心是治理汴渠的工程。黄河汛期时，汴渠的引水口控制不好，进入渠内的水过多，汴渠堤岸也有冲决的危险。这项治理工作是比较复杂的，经过细致的调查，王景提出治理渠道的原则和方法。首先是在汴渠上开设引水口。王景在对汴渠进行了裁弯取直、疏浚浅滩、加固险段等工程后，由于黄河主流的变化，有时会使设在汴渠上的引水门悬在黄河上。王景就在汴渠上多设水门，已达到“十里一水门”的程度，并使之“更相回注”。这是针对多泥沙的河流而提出的。另外，王景还大力清除渠道中的暗礁，清理被堵塞的沟涧，更要加强峻险渠段的防护，特别是加强淤积不畅渠段的疏浚。王景通过多设水门，从黄河中引出泥沙，减小水势，可达到黄河分流和分沙的目的。从黄河走势看，在河南荥阳以下，黄河的支流较多，如济水、濮水和汴水等。王景的治河措施使这些支流可以彼此沟通，在黄河与支流相通之处可建引水口。在发生洪涝灾害之时，打开这些引水口，所连接的支流就起到了分流和分沙的作用，使汴渠削弱了洪峰，“无复溃漏之患”。当然，从长远的观点看，单靠这些措施仍是不够的，但这些措施毕竟使黄河的淤积速度大大下降了。这也是保证黄河安流的重要因素。

在堤防工程中，王景在黄河的大堤上要“多设水门”的观点受到后世高度的重视，如清代思想家魏源（名远达，字默深、墨生、汉士，号良图，1794—1857）认为，在（明清时修建的）遥堤、缕堤的作用下，还要在黄河上设置水门，黄河盛涨时就可以通过水门溢出内堤（缕堤），漾至大堤（遥堤），后再通过水门退入河槽，“故言更相回注”，从而保证了黄河千年无患。这里的“水门”就是闸洞。因此，作为王景治河的工程重点，“水门”可以有效地控制引水量，避免丰水时多引、枯水时引不到水的情况发生，能适应黄河流势的变化，保证正常引水。据说，西汉时的汴渠水门“但用木与土耳”，即采用土木结构。到了东汉中期，汴渠的水门已由土木结构改变为砌石工程了。石砌水门更耐久、抗冲击，是技术上的一大进步。

黄河堤与束水攻沙

在建设堤防时，要借助一些新材料和新技术对重要的堤段进行加固。据《汉书》的记载，从今河南武陟至浚县，沿河堤防均为石堤，总长近300千米。此外，在今河南和河北交界一带也建有多处石堤。这种石堤主要是为了抵御水流的冲刷，保证堤身的安全。关于堤防的建设，在成书于汉代的《九章算术》中就有反映，书中一道关于堤防的算术题，“今有堤，下广二丈，上广八尺，高四尺，袤一十二丈七尺，问积几何。”由此题可见，大堤的横截面是上窄下宽的梯形，是合理的。

为避免水流正面冲击堤防，就要开挖引河，实施工程养护，这种措施也最早产生于西汉。据《汉书》记载，在汉宣帝地节年间（前69—前66），贝丘县（今山东临清南）在黄河北岸，属清河郡。黄河中的3个

汉宣帝像

弯道都顶冲北岸，于是在南岸东郡地区的滩地上各开了3条引河，以改善贝丘堤防被顶冲的不利形势。不过这些引河工程效果并不好，3年后河水在此处又形成了折弯。

为了最大限度地发挥大堤的作用，后人在河道的一侧修建两道大堤，一个是内堤，一个是外堤，内堤直接受到河水的冲刷，被称为“缕堤”（堤势低矮，形如丝缕）。外堤被称为“遥堤”，“遥”字说明，外堤到内堤的距离比较大。这样在缕堤与遥堤之间形成了一个很开阔的平地以容纳更多的河水（“宽河行洪”），并且，以防缕堤溃泄而引发洪水，同时还可以起到束水归槽的作用，因此两道大堤就比较“遥远”。

明代水利专家潘季驯治理黄河淤积时也采用了宋代人提出的“狭河”之法，不过，这时的名称叫“束水”之法。对于黄河堤防，潘季驯曾经进行实地调查。他认为，治理黄河的根本在于治沙。于是他主张“束水”，即使河道变窄，并堵住黄河的决口。所形成的主河道，同时被约束在两道缕堤之间，使主河道能固定在河床主槽内，并加快水流的速度。利用快速的水流，将淤积的泥沙冲走，从而达到治淤沙的目的。

潘季驯的束水攻沙思想改变了明早期分流治河的思想，是治河思想的一大转变。此后，陈潢打破自古以来“防河保运”的传统观念。他与靳辅接受了潘季驯的理论，并有所发展。他仍主张“筑堤束水，以水攻沙”的治河方法，并把“分流”和“合流”有机地结合起来。他把“分流杀势”作为河水暴涨时的应急措施，而以“合流攻沙”作为长远安排。这的确是非常合理的观念。在治河时，陈潢采用了建设减水坝和开挖引河的方法。为了使正河保持一定的流速流量，他发明了“测水法”，使“束水攻沙”方法的运用更加合理。这些措施都使黄河灾害大大降低。

从靳辅与陈潢的治水著作看，他们大体继承了潘季驯的方法，将疏浚和筑堤结合，并提出了减少下行泥沙的见解。归纳起来，大致有几点：

他们主张宽河思想；提出兴利除害和化害为利思想，如利用黄河水淤灌农田，以此改良盐碱地和提高土壤肥力，且引用黄河水为水源，开挖人工运渠以发展水上航运。这体现了一种变被动受水患为主动治水患的观念；还采取了开辟滞洪区的措施。

在具体应用时，要加强缕堤的工程质量，也就是说，缕堤在行水（行洪）时的作用更大，而且，在流量一定的条件下，缕堤内的流水速度比遥堤内的流速要大得多。这就使淤沙的可能要小得多。因此，在流量较小时，河水被约束在缕堤内，还能保持较大的流速，冲刷河道的效果更好。也就是说，非但河水中含有的沙粒不易沉积，还能将已淤积于河道内的沙粒冲起来、并被带走。行洪之时，流速更快，挟带沙粒的能力就更加明显了。当然，更大的洪水来临时，往往约束洪水于缕堤之内已不可能，大水会漫出缕堤；但是，仍然会被约束在遥堤之内，使两岸附近的村庄受到的威胁会小一些。此外，在缕堤之外、遥堤之内的大片土地，由于淤积了上游冲下来的黄河沙土，其中含有丰富的肥料，许多村民不舍得放任其荒芜下去，就种植一些谷物，并不施用肥料。当然，如果某年的洪水太大，造成了涝灾，遥堤内收获全无，也不会去计较。

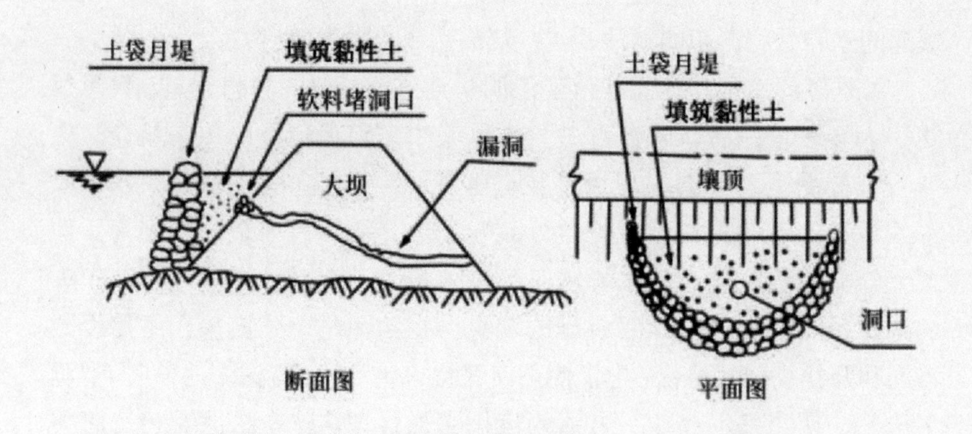

大坝的结构图

除了缕堤、遥堤，还有月堤、格堤，共同构成堤防系统。这里的月堤是呈半月形的堤防（可加固缕堤），也称为圈堤。“月堤”是在险要的堤段或显得比较单薄的堤段，在堤内或堤外再加筑形如半月之堤。而潘季驯则认为：“缕堤之内复筑月堤，盖恐缕堤逼近河流，难免冲决，故欲其遇月即止也。”可以把月堤视为堤防的“后卫”或“前卫”。格堤（内有农田、村庄等）是连接遥堤和缕堤的横向堤防。当缕堤溃决之后，水冲到格堤就会被止住。洪水只限于一个“格子”之中，不会漫延到大堤的滩地，还能防止水流沿着遥堤而下、冲刷、侵蚀遥堤。

根据黄河含沙量大的特点，潘季驯又提出了：“以河治河，以水攻沙”的治河方略。他写道：“黄流最浊，以斗计之，沙居其六，若至伏秋，则水居其二矣。以二升之水载八升之沙，非极迅溜，必致停滞。”大意是，黄河水流最为浑浊，如以黄河水一斗水计算，其中含有泥沙 6 升；到了秋季，黄河水甚至可达 8 升的泥沙含量。以 2 升的水载 8 升的泥沙，除非是流速很大（“迅溜”），否则就会“停滞”在河道之中。

修建河堤工程量巨大，而且还涉及原来民众为了防洪已经自行修筑的堤埝。这要做好系统的设计，而且要尽量利用这些旧的堤埝，并连贯起来形成千里大堤。

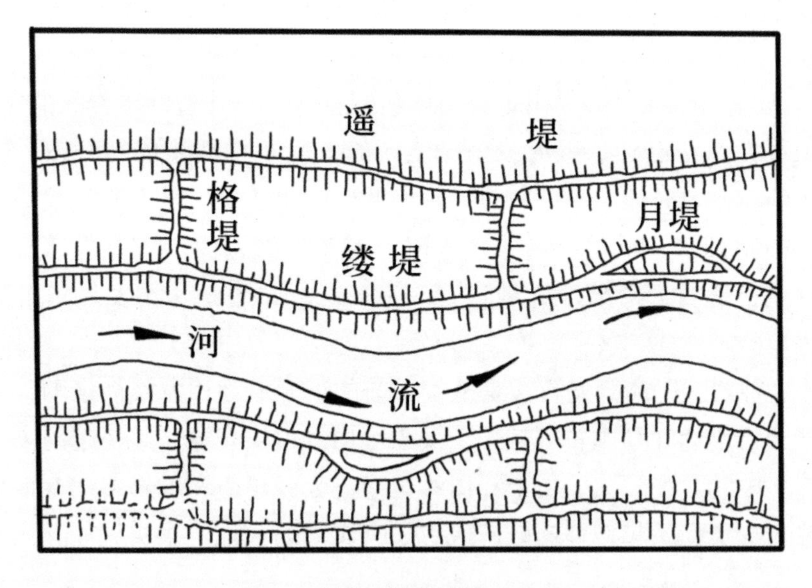

四种大堤的结合

德国水利学家赫伯特·恩格斯（Hubert Engels，1854—1945）看到潘季驯的治河堤坝时叹服道："潘氏分清遥堤之用为防溃，而缕堤之用为束水，为治导河流的一种方法，此点非常合理。"赫伯特·恩格斯是水工模型试验的创建者。1931—1934 年间，先后 3 次主持河流冲刷泥沙的模型试验，以模拟黄河挟沙的能力，他依据试验给出了几点建议。这些建议与潘季驯、靳辅和陈潢的观点非常接近。

赫伯特·恩格斯在水工模型实验基础上得出的治黄方针，与潘季驯主张的"束水归槽"，配合缕堤、埽坝等护滩工程的治黄方略，在实质上完全相同。另外，赫伯特·恩格斯的黄河水工实验完全验证了潘季驯的治河理论。

古来圩田连成片

圩田是一种被围起的农田，所以也被称为"围田"。古人利用修筑的堤岸，把一些低洼地、沼泽地以及陂塘、湖泊和河道旁的滩地等"围"起来。如果被围在陂塘或湖泊之内，也被称为"湖田"。如果不加区分，统称为"圩田"。因此，圩田是有土堤包围且能防止外边的水侵入的农田。圩田往往是在沿江、濒海或滨湖地区的农民筑堤围垦成的农田，这里地势低洼，地面低于汛期水位，甚或低于常年水位。堤上要建设涵闸，平时闭闸御水，旱时开闸放水入田，因而旱涝无忧。圩田所形成的耕地样式，是古人对低洼之地进行改造的成果，也是水利发展史上的一大进步。

这种"围"的开发方式是从汉以前的围淤湖为田发展而来的，至唐代已非常发达并且比较普遍了。关于圩田的最早记载，是《越绝书·吴地传》中的"鹿陂"。由于圩田的规模很大，建造和维修费用都很大，一般农户负担不起，多由政府或者是有实力的大地主来实施。五代十国时期，南唐与吴越在各自境内大修圩田，每圩方圆几十里，如同大城。钱塘湖的圩田可达千亩以上，这样的工程只能是当地的一些大族豪门所为。这些圩田的地势较低、排水不良，大都栽水稻；地势较高、排水良好、土质疏松、不宜保持水层的高沙圩田，常种棉花和玉米等旱地作物。位于江苏省连云港市灌南县孟兴庄镇西南的圩田，西接汤沟，南临北六塘河，形成一个稻米产区。促使圩田发展的因素还与人口迁徙有关。

在开发圩田之时，先进的铁制农具发挥了重要的作用，在丹阳的练湖中，人们围成十余里的长堤，再泄去湖水，把湖底开辟出农田。在杭州的钱塘湖也有类似的作为。当然，到了宋代，在东南地区，这种湖田的规模越来越大，甚至出现了“圩田相望”的局面。营建这种圩田的技术已经非常成熟了，而且从东南地区向西发展，在云梦湖也开始搞圩田的工程；甚至还发展到岭南的珠江三角洲地区。这样就开发出大片大片的水稻生产地区。如此之规模，杨万里有一首诗描绘这一景象：

南望双峰抹绿明，一峰起立一峰横，不知圩里田多少，直到峰根不见塍（chéng，田埂）。

杨万里的诗是描写石臼湖（在江苏溧水西南）的圩田之广阔。

这是说，在净行寺傍都是圩田。可见，在南方的圩田之普遍。

更有甚者，在江苏无锡和武进之间有一个无锡湖，到明代逐渐消失、并成为“芙蓉圩”。这个圩的周围可达61里，圩内的耕田可达11万亩。

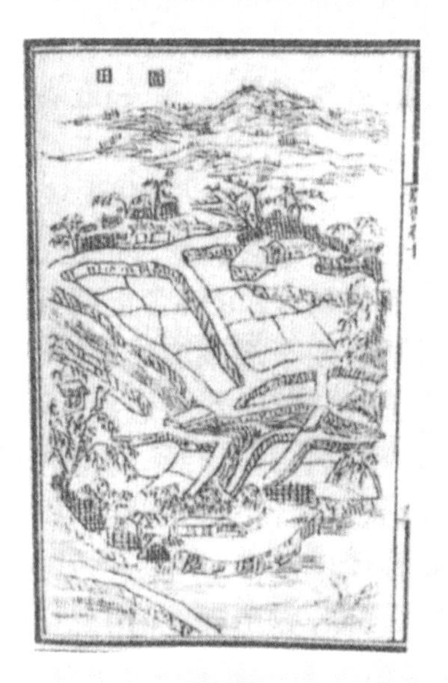

圩田图

林则徐的水利思想

中华传统文化是以农立国，以农为本。作为一名清朝的良臣，林则徐还是一位出色的治水专家，他忠于职守，尽责尽力，真正做到了“在官不可不尽心”。林则徐的治水业绩是很突出的，成果是丰硕的。重视兴修农田水利是林则徐重农思想的一个突出表现，如兴修浙江和上海的海塘、太湖流域各主要河流的水利工程，以及治理运河、黄河和长江的工作。对每一项水利工程，他都躬亲任事，注重调查，虚心求教，亲自验收，保证质量。他说，“不许稍有草率偷减，并不会假手胥吏地保稍滋弊窦”。

嘉庆十八年（1813），林则徐入翰林院。他利用京师及翰林院中丰富的藏书、档案，努力研究“实学”，后由他主持编译的《四洲志》及魏源编撰的《海国图志》，对晚清的洋务运动乃至日本的明治维新运动都具有启蒙作用。他悉心研究学问，“实事求是，不涉时趋”，尤其注意研究京畿一带的农田水利问题。为此，他广泛搜求元明以来有关北京地区兴修水利的奏议和著述，查阅清代档案文件，认真研究前人提出的在京畿附近兴修水利、种植水稻的意见，后来还完成《北直水利书》，其中论述了直隶土性宜稻，可广开水田，种植水稻。（“直隶水性宜稻，有水皆可成田”）

《北直水利书》中有关治水方略的部分，后来林则徐的学生冯桂芬（字林一，又字景亭、景庭，自号邓尉山人，1809—1874）将这一部分内容改编成《畿辅水利议》。林则徐把兴修水利看作致治养民之本，他指出：“自古致治养民为本，而养民之道，兴利防患，水旱无虞，方能盖藏充裕”。“水利兴则余粮亩皆仓庾之积”。他还指出：“首胪（lú，罗列）水利，利益国计，明当务之急也”。

《畿辅水利议》

“水利以兴，穷黎以济，洵为一举两得”。“水治则田资其利，不治则田被其害，赋出于田，田资于水，故水利为农田之本，不可失修”。“地力必资人力，而土功皆属农功，水道多一分之疏通，既田畴多一分之利赖”。他认识到，水利建设关系到农牧业生产，关系到国家财政收入的溢绌。水利的兴废直接关系到国家的命运和人民的生计，为老百姓谋利益、为国家求富强的官吏都莫不重视农田水利的工作。

道光十二年（1832）二月，林则徐调任江苏巡抚。这一年，江苏发生大水灾，林则徐呼吁缓征漕赋，提出“多宽一分追呼，即多培一分元气”。林则徐提倡新的农耕技术，推广新农具，兴修水利。他认识到人力、土地、水利和农业间的相互关系，还分析出水灾的原因在于吴淞江、黄浦江、娄河及与之相表里的白茆河年久失修，逐年淤塞所致，于是决定兴修白茆河、娄河。

道光十七年（1837）正月，林则徐升任湖广总督。面对湖北境内每到夏季大河常泛滥成灾的情况，林则徐采取“修防兼重”的有力措施，使“江汉数千里长堤，安澜普庆，并支河里堤，亦无一处漫口”，对保障江汉沿岸州县的生命财产做出了贡献。

林则徐十分关心农业和水利事业，如在北京工作和在福州丁忧期间，他都研究这些地区的各种文献，为发展当地的各种事业贡献力量。道光二十二年（1842），林则徐到达戍所惠远城（位于伊犁霍城县）后，被伊犁将军布彦泰派去执掌粮饷处事务，并得以翻阅大量的新疆屯田档案资料（后被辑录成《衙斋杂录》）。

林则徐留下的治水遗产是极其宝贵的，他注重实干而不崇尚空谈。他在组织水利兴修过程中，忠于职守，尽责尽力，对每一项水利兴修工程，他都躬亲任事，注重调查，虚心求教，亲自验收，保证质量。他的水利改革实践及其思想在中国水利史上占有一定的地位，其治水思想，治水观念和治水经验值得今人认真学习。

八、水利名人榜

伴随对江河的治理、水利工程的建设，涌现出一批治河名人，像孙叔敖、郑国、西门豹、李冰和白公，还有贾让、贾鲁、潘季驯、靳辅和陈潢，以及苏轼和林则徐，等等。他们的业绩被后人记载，甚至建祠、庙纪念。

水利第一名人孙叔敖

孙叔敖又名芀（wěi）敖是期思（今属河南信阳市淮滨县）人。他曾在期思征发民工排除积水，开创了我国第一个水利灌溉工程——期思陂。又在雩娄兴建灌溉工程，被楚庄王任命为令尹，习惯上称之为楚相。

孙叔敖像

孙叔敖非常重视水利工程建设，他主张：

> 宣导川谷，陂障源泉，灌溉沃泽，堤防湖浦以为池沼。钟天地之爱，收九泽之利，以殷润国家，家富人喜。

大意是，使山谷的溪流河水畅导之，建设水池和堰坝作为水源，借

孙叔敖庙

此可灌溉，使农田肥沃，还有，要建设堤防和湖塘，作为池沼。这样（人们）对田地（环境）加以保护，从肥沃土地中可获利，还可使国家强大起来，使家庭富裕起来，人人都高兴起来。这样，孙叔敖带领众人大搞水利工程建设，修堤筑堰，开沟通渠，还大力促进农业生产，为楚国的经济繁荣做出了贡献。

在母亲的教导下，儿时的孙叔敖就常常为他人着想。当时有一种习俗，见到“双头蛇”的人必定会死。孙叔敖曾路遇“双头蛇”，为了不让别人再见到它，就毫不犹豫地杀死它，并且还掘土深埋之。这种高尚的品格受到了人们的赞颂。今天，在期思城西南有埋蛇岭。据说，这就是孙叔敖埋蛇处，因此也叫“埋蛇冢”，在史书上写成“敦蛇丘”，“寝野歧蛇”为当地八景之一。

埋蛇岭上显神威

孙叔敖为楚相期间，大兴水利，造福人民。孙叔敖一生清廉，忧国为民，他死后，妻子和儿子只能穿着粗布衣，并且要自己打柴度日。名伶优孟很同情孙叔敖的家人，他能模仿孙叔敖的音容和动作。有一次，优孟穿着孙叔敖的旧衣服并模仿着孙叔敖走进来，楚王与众大臣都以为孙叔敖又

孙叔敖的墓地

复活了，非常惊奇。优孟唱着《慷慨歌》给楚庄王听，大意是：贪官不能当又值得当，清官能当又不值得当。贪官不能当是因为名声太臭，值得当是能发财立业全家享福。清官能当是有清名，不值得当是儿孙都跟着受穷，穿破衣干苦活，人们认为做官的都有钱，只知道孙叔敖做了楚相，却不知道孙叔敖廉洁从没占过一丝一毫的便宜。楚庄王听了优孟的歌很感动，就把寝丘之地（也就是期思）封给了孙叔敖的儿子侨。这也成为今天期思人的骄傲。

为了感念孙叔敖的恩德，后人在期思和芍陂等地建祠立碑，称颂和纪念他的功绩。后世的一些大人物在拜谒孙叔敖庙时，或为庙碑撰文、题跋，或是留下歌颂的诗文词赋。孙叔敖庙也叫遗爱庙、楚相孙公祠。1988 年 1 月，国务院确定安丰塘（芍陂）为全国重点文物保护单位。

开发蜀郡的功臣李冰

长江上游的川西地区是中国古代重要的农业区之一。古蜀王杜宇“教民务农”，“为畜牧”，使经济发展以农业生产为主。公元前 4 世纪上半叶，秦惠文王（嬴驷，前 356—前 311，前 338—前 311 在位）灭蜀，并设置蜀郡。公元前 4 世纪末，秦司马错率巴蜀众 10 万，大船万艘，米六百万斛，沿江而下去伐楚。可见，这时成都平原农业基础之雄厚。早在公元前 256 年，秦昭襄王在位期间，李冰主持修建都江堰成功，形成灌溉系统，使成都平原一跃成为重要的产粮区。从成都平原出土的汉代水田陂塘的陶制模型和汉画像石可以看出，当地的农业

李冰像

二王庙

生产已达到相当高的水平。

都江堰水利工程的渠首位于四川成都平原西部都江堰市西侧的岷江上，距成都 56 千米。李冰率领百姓兴建都江堰水利工程，利用当地西北高、东南低的地理条件，根据江河出山口处特殊的要求，综合分析地形、水脉、水势，认为此处具备自流灌溉的优势，使堤防、分水、泄洪、排沙、控流的功能合一，保证了防洪、灌溉、水运和社会用水综合效益的充分发挥。建堰 2000 多年，都江堰工程至今发挥着作用。汉武帝元鼎六年（前 111），司马迁实地考察了都江堰，在《史记 · 河渠书》中记载了李冰修建都江堰的功绩。人们为了纪念李冰父子，建了一座庙祭祀李冰父子，称为“二王庙”。后人在离堆处建西瞻亭、西瞻堂以示纪念。蜀汉建兴六年（228），诸葛亮征集兵丁 1200 人加以守护，并设专职堰官进行经常性的管理维护，开历代设专职水利官员管理都江堰之先河。

据《华阳国志 · 蜀志》记载，李冰曾在都江堰安设石人水尺，这是中国早期的水位观测设施。他还在今宜宾、乐山境内开凿滩险，疏通航道，又修建汶井江（今崇州市西河）、白木江（今邛崃南河）、洛水（今石亭江）、绵水（今绵远河）等灌溉和航运工程，还修建索桥、开挖盐井。他还修筑了一条连接中原、四川雅安与云南的五尺道。在成都，“李冰造七桥，上应七星”。这是文字记载的成都建桥之始。这七座桥是仿天上北斗七星的方位而设置的，合称“七星桥”。桥名是长星桥、员星桥、玑星桥、夷星桥、尾星桥、冲星桥、曲星桥，“长星桥”

《华阳国志》

亦名为万里桥，列在诸桥之首。一说，七星桥是：建在检江（流江）上的万里桥、笮桥，郫江上的市桥、江桥、冲治桥、长升桥、永平桥，形似北斗七星状。

李冰父子的雕像

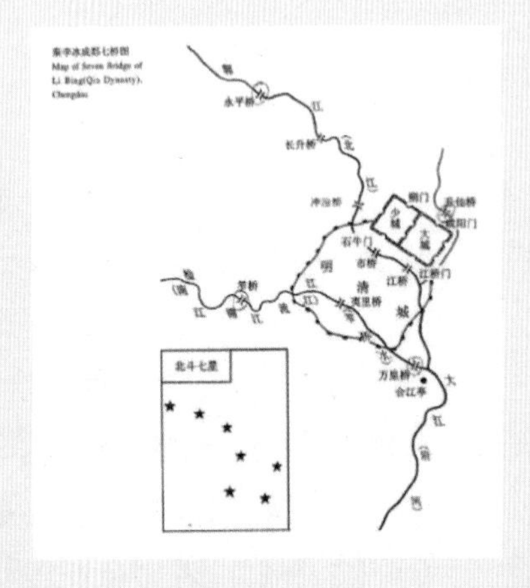

李冰修建七星桥

都江堰采用中流作堰的方法，在岷江峡内用石块砌成石埂，叫都江鱼嘴，也叫分水鱼嘴。东边的叫内江，供灌溉渠用水；西边的叫外江，是岷江的主流。又在灌县（今都江堰市）县城附近的岷江南岸筑了离碓（同“堆”），离碓就是开凿岩石后被隔开的石堆，夹在内外江之间。离碓的东侧是内江的水口，称宝瓶口，具有节制水流的功用。夏季水涨，都江鱼嘴淹没了，离碓就成为第二道分水处。内江自宝瓶口以下进入密布于川西平原之上的灌溉系统，旱则引水浸润，雨则杜塞水门，保证了近千万亩农田的灌溉，使成都平原成为旱涝保收的天府之国。都江堰的规划、设计和施工都具有比较好的科学性和创造性，工程规划相当完善，分水鱼嘴和宝瓶口联合运用，能按照灌溉、防洪的需要，分配洪、枯水流量。

李二郎降伏孽龙的伏龙观

都江堰渠首工程全景

唐代诗人岑参有《石犀》一诗赞扬都江堰工程，全篇如下：

都江堰的石犀

江水初荡潏，蜀人几为鱼。向无尔石犀，安得有邑居。始知李太守，伯禹亦不如。

边塞诗人岑参

这里的“始知李太守，伯禹亦不如”，是强调李冰的功绩，并不在大禹之下。都江堰的这个地名，在历史上多被称为“灌州”或“灌县”，1988年改成都江堰市。

遗憾的是，由于年代久远，李冰的生平所知甚少。

白圭、晏婴和冯逡

大梁（今开封）的兴盛当然与魏惠王（姬姓魏氏，名罃，即梁惠王，前400—前319，前369—前319在位）迁都有关，更与鸿沟水系的兴建有关，而鸿沟水系的水源与黄河关系密切。如何采取有效的措施解决好引水和用水，避免黄河涨落对渠系的影响，是工程成败的关键问题。另外，大梁地处中原，直接受到黄河的影响，为避免洪水灾害，就要建黄河大堤。作为这一时期魏国治水的重要人物，白圭的成就主要表现在鸿沟水系和黄河堤防工程的建设与管理上。

白圭（名丹，字圭）是战国时人，据说曾经在魏惠王初期担任魏国的相。他既是水利专家，又是经营天才。作为卓越的水利专家，他不仅有效解除了都城大梁的水患，还极大地改善了交通和农业生产条件，使魏国快速崛起。《孟子·告子》中说："（白）丹之治水也，愈于禹。"韩非子也对白圭的修堤技术也大加称赞，说他技术精细，连大堤上的蚂蚁洞都不放过，采取"塞其穴"的措施，以防止"千丈之堤，以蝼蚁之穴溃"，于是，大堤固若金汤，达到"无水难"的水平。

白圭像

白圭还有着极高的经商的天分，他首创了农副产品贸易和"人弃我取，人取我与"的经营原则；强调商人要有"智""勇""仁""强"等素质；认为要具备姜子牙的谋略和孙子用兵的韬略的人，才可能在商界有所作为，获取更多的财富。司马迁在《史记·货殖列传》里对白圭的经商才能给予了高度评价，称"天下言治，生祖白圭"。而白圭亦因其超前的经营理念和成功的商业实践，被后世的商家遵奉为祖师爷，有"商祖"之誉。

堤防是用以防洪为主的挡水建筑物，必须符合一定的技术标准，才可能坚固、耐用，发挥出应有的作用。白圭在堤防的施工和管理上，能够精细到对细小的蚁孔也不放过。可见，对工程质量要求之严。单凭这一点，可以说，白圭是有"自负"的本钱的。

晏子认为要"重变古常"，即对待过去的常法要慎重，不宜轻言变更。然而对于建设堤防，他是有所变更的。据《晏子春秋》记载，有

晏婴像

一年，齐景公视察临淄城东门的堤防。当他看到堤防高大陡峻，牛车和马车不能运土上堤，全凭修堤民工穿着单衣往上挑时，就问随行的晏婴（？—前500），为什么不将堤防降低“6尺”呢？晏婴答道：据说早年的堤防，较现在低“6尺”，上涨的淄水曾经进入城门。可见当年淄水的防洪堤，其堤高度大于“6尺”，而堤顶高程的确定全凭历史经验。

清河郡都尉冯逡（字子产）也提出分疏治河之法。黄河自元帝永光五年（前39）决于清河郡灵县鸣犊口之后，灵县以下至东光之间，鸣犊河与大河分流，其上游自馆陶分出，屯氏河因此断流。此后，因鸣犊河淤积，上游来水难以畅泄，灵县以上沿河一带便时有泛滥的危险。为避免境内新的河患，冯逡在总结屯氏河畅通分流70年无大害的情形之后，建议浚开屯氏故河，使其与黄河分流，“以助大河泄暴水，备非常”。晚于冯逡的御史韩牧，也提出重开“九河”的建议。他说：“纵不能为九，但为四、五，宜有益”。当黄河洪水暴涨时，利用分疏的方法，使洪水沿着各个支河分泄，可以削减主河道的洪峰流量，减轻洪水对主河道两岸堤防的威胁，从而避免或减轻决溢灾害。这一建议对症下药，是积极可取的。

不敢欺民的西门豹

西门豹（生卒年不详）是战国时期魏国人，是著名的水利家。在魏文侯（魏斯，前472—前396）在位时，他被任命为邺令，初到邺城（今

西门豹像

河北临漳县一带）之时，西门豹了解到“河伯娶妇”的事情。许多人家都担心大巫祝为河伯“娶”他们家的闺女，因此，有些人家就带着自己的女儿远远地出走了。对此，巫祝扬言，假如不能满足河伯的要求，就会大水泛滥，淹没住家，甚至把老百姓都淹死。西门豹说：“到了给河伯娶媳妇的时候，我也要去送送这个‘媳妇’。”

河伯娶媳妇的日子到了，西门豹来到河边，三老和一些官员也都会集在此，看热闹来的老百姓也有上千人。西门豹说：“叫河伯的‘媳妇’过来。”女子走到西门豹面前。西门豹看了看，回头对三老和巫祝说：“女子并不漂亮，麻烦大巫婆为我到河里去禀报河伯，需要重新选一个漂亮的女子，迟几天送去。”他令差役们一齐抱起大巫婆，把她抛到河中。等了一会儿，他又说：“巫婆为什么去这么久？叫她弟子去催催她！”就把她的一个弟子抛到河中。一会儿，又抛一个弟子到河中。西门豹说：“这几个女人不能把事情禀报清楚。请三老替我去说明情况。”又把三老抛到河中。西门豹恭恭敬敬地面对着河站着等了很久。等在旁边的人都很害怕，西门豹说：“巫婆和三老都不回来，怎么办？”想再派一个人去催促。这些人都吓得在地上叩头，西门豹说：“大家都起来吧，这个河伯留客也太久了，你们都先散去吧。”从此以后，就没人敢再提为河伯娶媳妇的事情了。此后，西门豹还颁布律令，禁止巫风。

把女巫投入漳河中

西门豹还亲自率人勘查水源，发动百姓为引漳河水而挖掘了 12 条水渠，使大片田地成为旱涝保收的良田。在发展农业生产的同时，还实行“寓兵于农、藏粮于民”的政策，很快就使邺城民富兵强，成为战国时期魏国的东北重镇。

安阳的西门豹祠

由于西门豹治邺有方，深受百姓爱戴。后人评价，“西门豹为邺令，名闻天下，泽流后世，无绝已时”。司马迁在《史记》中记载“西门豹治邺，民不敢欺”。为此，后人修祠建庙来祭祀他。从汉代起，先后有8座西门豹祠出现在漳河沿岸。西门豹祠堂俗称西门豹庙，也称为西门豹祠、西门大夫庙等。如位于河南安阳市安阳县安丰乡北丰村的西门豹祠，初建于东汉，在北齐天保年间（550—559）还重修过。但该祠于1924年毁于战火，现仅存宋、明、清和民国时的石碑。现在，西门豹祠作为反对迷信的教育景点，是河南省重点文物保护单位。

治水专家王景

王景像

王景（字仲通，约30—85）的原籍是琅琊不其（今山东省即墨县西南），是中国历史上著名的治理黄河的专家。王景的八世祖王仲好道术，善观天象。据说，汉高祖刘邦去世之后，其孙刘襄和刘兴居曾先后就起兵讨伐诸吕之事来求教于王仲。王仲不愿涉入这种“造反”的活动，便举家渡海到了朝鲜。王景父名王闳，建武六年（30），王闳参加讨伐叛乱，并因功受封列侯，但王闳坚辞不受，而乐于在乡间生活。

少年王景聪明好学，多才多艺，而且有过目不忘的记忆力。史书上曾记载，王景“广窥父书”，又好天文术数之学，还曾研习过《周易》。后来，王景任司空属官，有人推荐王景参与治水工程，他配合王吴整治浚仪渠（汴渠的一段，在今开封附近），并取得了成功。这也就使王景获取了一些名声。

王景与王吴整治浚仪渠时，王吴采用了王景建议的方法——墕（yàn）流法。这种“墕流法”是在渠旁设立滚水堰控制渠内水位，从而保护渠堤安全。浚仪渠的工程进行得比较顺利。这个工程完成之后，浚仪渠行水正常，受到百姓的称赞。这个工程就算是王景“牛刀小试”，真正的“大考”还在后面。

永平十二年（69），汉明帝召见王景，询问治水的各种事项。对于汉明帝的问题，王景应对自如，他为明帝分析了黄河和汴渠的现状。

在谈到具体修建之法时，王景为汉明帝分析了黄河与汴渠的关系，他说：“河为汴害之源，汴为河之害，河、汴分流，则运道无患，河、汴兼治，方可成功。”听了王景一席话，汉明帝大受启发，并定下治理黄河的决策。由于王景治理浚仪渠已立下功劳，汉明帝便给了王景一些赏赐，包括《山海经》《河渠书》和《禹贡图》等与治河有关的书籍。

王景和王吴受命主持大修汴渠和黄河的堤防，当年夏发兵夫数十万，实施治汴工程。王景亲自勘测地形，规划堤线。先修筑黄河堤防，从荥阳（今郑州北）到千乘海口（今山东利津境内），长达千余里。而后再整修重要的水运通道汴渠，功效卓著。这一工程显示出东汉王朝强大的经济实力，还显示了朝廷强烈的治河决心。

王景主持的工程取得了很大的成功，并且恢复了黄河和汴渠的正常行水状态，也使黄河不再四处泛滥，泛区百姓得以重建他们的家园。工程完成后，汉明帝亲自沿河渠巡视，并按照西汉制度恢复了河防官员的编制。王吴等参与工程的官员，都因修渠有功而升迁一级，王景则连升三级，被任命为侍御史。

永平十五年（72），王景随汉明帝东巡到无盐（今山东汶上以北）。在沿途，汉明帝对所见到的治水成绩大为赞赏，为此又任命王景为河堤

谒者。

后来，王景前往庐州任太守。当时的芍陂已废弛多年。王景组织百姓修复工程，还制定相应的管理制度，立碑示禁。又推广牛耕，大片土地得到开垦。王景还将养蚕技术教授给当地百姓，境内由是日益富庶。

王景治河的贡献得到很高的评价，有王景治河“千年无患”之说。王景筑堤后的黄河经历800多年没有发生大改道，决溢为数不多，的确是一条比较理想的河道。

绍兴的水利名人

绍兴流传着一个说法，不管年年的水有多大，都不会淹着绍兴城，人们认为这是由于大禹在绍兴治过水。其实，这与两位太守治水有方相

绍兴的老街景色

马臻像

关，他们就是马臻和戴琥。

马臻（字叔荐，88—141）扶风茂陵（今陕西兴平）人，一说是会稽山阴（今浙江绍兴）人。马臻是著名的水利专家，于汉顺帝永和五年（140）当上会稽太守。到任之初，他详细考察地形，发动民众，大搞水利建设，创建三百里镜湖，建成的大堤长127里。它上可蓄洪水，下可拒咸潮，旱则泄湖溉田，使9000余顷良田得以旱涝保收。马臻还参与过泗涌湖的建设，这个工程为保护越国时的生产基地创造了更为有利的外部条件。

马臻墓地

在建设大湖之始，因淹到一些坟地，被豪强诬为“破坏风水”，马臻受到刑罚，被害于永和六年（141），终年54岁。会稽人追念马臻的功劳，将他的遗骸由洛阳迁回山阴，并立庙纪念。他的墓地位于浙江省绍兴市区偏门，外跨湖桥直街。墓葬南向，封土四周条石砌筑，高约2米。墓前正中横置墓碑，刻写着“敕封利济王东汉会稽郡太守马公之墓”。这是清康熙五十六年（1717）知府俞卿所立。碑前立四柱三间青石牌坊，额坊上刻北宋嘉祐初仁宗所赐封号“利济王墓”四字。墓前设祭桌，旁有马太守庙。

绍兴鉴湖（又名镜湖）

戴琥（字廷节）是明江西浮梁人，是景泰元年（1450）的举人。作为官员，他对百姓充满仁爱，遇上疫病的流行，使派遣医生分头去各地替百姓治疗。而他在绍兴最大的功绩则莫过于组织人力兴修水利，堪称马臻后的又一位绍兴水利功臣。

绍兴的乌篷船

明成化九年（1473），戴琥就任绍兴知府。在绍兴的十年间，为了加强绍兴河湖水位管理，戴琥在佑圣观前河中设立水则（即水位尺），又在佑圣观内立水则碑，即《山会水则碑》，规定“水在中则上，各闸俱开；至中则下五寸，只开玉山斗门、扁拖、龛山闸，至下则上五寸，各闸俱闭。”水则碑对宁绍地区山会平原的河湖水位、对不同季节或不同高程的水位都能记录到，而且设于府城之内、府衙之旁，便于观察和决策的执行。从成化十二年（1476）起，水则碑使用了60年，一直到三江闸的建成才退役。

山会水则碑

“三刘”的水利世家

所谓“三刘”是三位刘姓的官员，是三代人，即刘馥、刘靖和刘弘。他们中的后两位曾活动于今天北京和北京周边地区，是以水利的功绩名垂千古的人物。

刘馥像

《三国志·刘馥传》记载了刘馥的生平。刘馥字元颖，是沛国相县（即安徽淮北市相山区）人。东汉建安初年，刘馥被曹操推荐就任扬州刺史。在扬州任上，他领导整修城池，招抚流民，治理效果很好。史书上载，刘馥“聚诸生，立学校，广屯田，兴治芍陂及茹陂、七门、吴塘诸竭，以溉稻田，官民有畜”。刘馥治理湖泊，修建堤坝，借此引水灌溉，发展生产。这些工程的质量很好，到西晋初年，“陂塘之利，至今为用”。

刘弘像

刘馥的治理工作对他的儿子刘靖影响很大。刘靖字文恭，三国魏黄初年间（220—226）从黄门侍郎赴庐江任太守，后来又出任河南尹。刘靖注重发展农业生产，使百姓生活安定且富足，有父亲刘馥之遗风。此后，刘靖又担任大司农卫尉，又赴任镇北将军，都督河北诸军事。刘靖重视边塞防守，维护社会安定的局面，为此屯据险要和开拓边境地区。刘靖“又修广戾陵渠大竭，水溉灌蓟南北。三更种稻，边民利之”。嘉平六年（254），刘靖去世，他的事迹还被记录在《水经注》之中，特别是在西晋元康五年（295）十月十一日树立的“刘靖碑”，对刘靖兴修水利工程的事迹记载尤详。这个“刘靖碑”也成为珍贵的史料，并被郦道元全文载入《水经注》中。例如，在碑文中记载，刘靖“登梁山以观源流，相瀔水以度形势，……乃使帐下丁鸿，督军士千人，以嘉平二年，立遏于水，导高梁河，造戾陵遏，开车箱渠。……灌田岁二千顷”。这个“车箱渠”是刘靖主持修建于魏嘉平二年（250），在景元三年（262）被樊晨改造之后，能发挥出更大的效益。

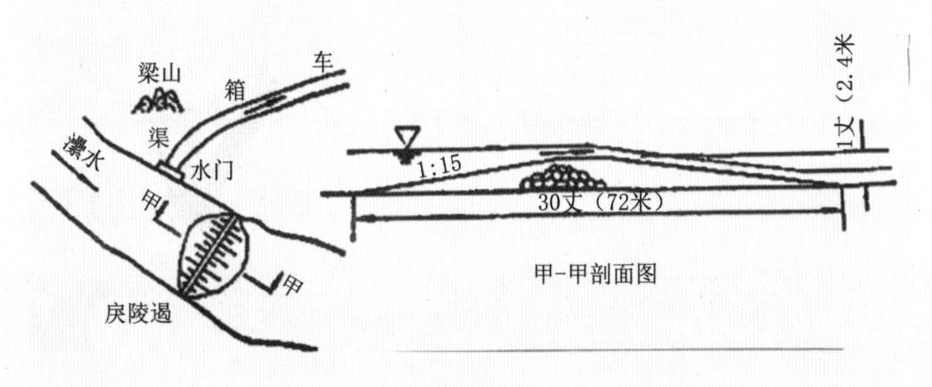

车箱渠示意图

刘弘成长于西晋之时，他字叔和，一生的功绩也体现在水利建设上。他长期担任荆州刺史之类的高官，因此，史书上载，“自（刘）靖至（刘）弘，世不旷名，而有政事才”。刘弘为政，“推诚臣下，厉以公义，……务农桑”。虽然当时战乱频仍，但荆州社会安定。从“刘靖碑”中的记载看，元康四年（294），刘弘到幽州，被任命担任军事官员。但第二年，洪水使戾陵堰和渠道受到极大的损毁，刘弘决心继承家风，兴修水利。他“追惟前立遏之勋，亲临山川指授规略”，领导几千将士，“起长岸，立石渠，修主遏，治水门”，许多百姓也自愿参加到工程建设之中。在工程完工之后，像先秦的郑国开渠和西门豹治邺城一样，民众也记住刘靖、樊晨和刘弘的功绩，为他们树碑立传，希望他们的功绩被后人纪念，重视水利建设的风气被后人继承。刘家三代人的事迹一直被后人传颂着。

善于“相地”的姜师度

姜师度像

姜师度（？—723）是魏州魏县（今河北魏县）人，是唐朝水利专家。他考中明经科的进士后，先后出任丹陵县尉和龙岗县令，做官以清廉著称。神龙初年（705），授易州（今河北易县）刺史、河北道巡察使兼支度营田使，迁银青光禄大夫、大理卿，再拜司农正卿。唐玄宗即位后，姜师度又历任陕州刺史、河中尹、同州刺史、金紫光禄大夫。开元十一年（723）去世，终年70多岁。

姜师度非常喜好修筑渠漕，修筑渠漕的好处不是马上就能见到的，但能为后世谋利。当时的太史令名叫傅孝忠，因知星象显名，时人作谚语说：“（傅）孝忠知仰天，（姜）师度知相地”。姜师度曾筑渠于蓟门，用来阻隔奚和契丹。在魏武帝曹操的旧渠的基础上，为连接大海重新开凿平虏渠，用来通行运粮之路，从此停止海运，省功很多。

蓟城纪念柱

景云二年（711），姜师度升任司农卿。开元初年，任陕州刺史。太原仓是水陆两运的汇合处，粮食从这里转运到河中（今山西省永济市蒲州镇），姜师度派人依据高处造仓房、开地道，使米直接注入船中，使役夫不再劳累。

北周保定二年（562），在今大荔维修且重开龙首渠以利灌溉。开元六年（718），姜师度升任河中尹。由于安邑盐池枯涸废弃，姜师度征发大量卒役，挖渠引水，设置盐屯。后改任同州（今陕西渭南大荔县）刺史，他在这一带重新灌溉工程，“于朝邑、河西二县界，就古通灵陂，择地引洛水及堰黄河灌之，以种稻田，凡两千余顷，内置屯十余所，收获万计”。堵截河水灌入通灵陂，使荒弃田地二千顷成为上等田，又设置十多屯。皇帝临幸长春宫，赞赏他的功劳，下诏褒奖赞扬，加金紫光禄大夫，赐帛300匹。姜师度不仅引洛，而且引黄河水灌溉，效益更加显著。此后引洛灌溉相沿不断，今天的洛惠渠进一步扩展，灌溉面积增长至60余万亩。

苏轼的水利业绩

苏轼像

苏轼（字子瞻，一字和仲，号铁冠道人、东坡居士，世称苏东坡、苏仙、坡仙，1037—1101）是眉州眉山（今四川眉山市）人，祖籍河北栾城，是文学家和书法家、历史治水名人。嘉祐二年（1057），苏轼进士及第。宋神宗时在凤翔、杭州、密州、徐州、湖州等地任职，因“乌台诗案”被贬为黄州团练副使。宋哲宗即位后任翰林学士、侍读学士、礼部尚书等职，并在杭州、颍州、扬州、定州等地任职，晚年被贬惠州、儋州。宋徽宗时获大赦北还，在途中病逝于常州。宋高宗时追赠太师，宋孝宗时追谥“文忠”。这里把作为水利专家的苏轼介绍一下。

喜雨亭

在凤翔的作为

作为公务之一，古代官员有时要为百姓祈求神灵的保护。仁宗嘉祐六年（1061）底，苏轼“初仕（陕西）凤翔”，任签判。次年春，天气干旱，禾苗枯萎。他写了一篇“祈雨文”，为百姓求雨。而求雨要到渭河南面的太白山上的道观，苏轼带好祭品随太守宋选上山时，一些百姓也跟着，在祭拜后，就朗读他写的《祈雨文》：

> 乃者至冬徂春雨雪不至，细民之所恃以为生者麦禾而已，今旬不雨即为凶岁，民食不继盗贼且起。岂惟守土之臣所任以为忧，亦非神之所当安坐也、熟视也！圣天子在上，凡所以怀柔之礼莫不备至，下至愚夫小民奔走畏事者，亦岂有他哉，凡皆以为今日也！神其盍亦鉴之？

上以无负圣天子之意，下以无失愚夫小民之望！

东坡在凤翔

这段文字论理精妙，论据充分。大意是，龙王爷啊！从冬至春从未下雨落雪啊！百姓可就靠着种粮食为生，春天还不下雨的话，今年就是凶年，而百姓没有粮食，偷盗也会出现。作为地方官不能不管百姓的疾苦，神岂能熟视无睹呢？当今皇帝都关怀百姓而准备厚礼求雨，更不用说担心旱灾发生的百姓，他们把希望都寄托在今日求雨了！神应该有所了解吧？希望神明早日履行自己的职责，以上不负皇帝爱民之意，下不使百姓失望！

第二天，果然下起小雨了。两天之后，又下大雨，连下 3 日，旱象彻底解除。而为纪念这场喜雨，苏轼把后花园的亭子改名为“喜雨亭”，还写了一篇《喜雨亭记》，以示纪念，并成为千古名篇。这里，苏轼把祈雨看作功德无量的大事，是官员应尽心尽责的事情。

另外，修筑河堤和疏浚湖渠也是苏轼所重视的。他任地方官时，每到一处，几乎都组织疏浚工作。在凤翔工作时，重点扩建了凤翔的东湖，此举还滋养出凤翔近千年的文脉。东湖在凤翔县城的东南角，原名饮凤池。相传周文王的年代，有凤凰来此饮水，故有此名。他协助太守疏浚饮凤池，引县城西北角凤凰泉水注入饮凤池，种莲植柳，建亭造桥，并改名为“东湖”。清道光年间（1821—1850），树立《重修东湖碑记》其中有：“距郡城而东有湖焉，固凤凰泉注水之储也。宋嘉祐中，苏文忠公签判是

凤翔的东湖景色

郡，公余巾杖来观，相度地形，以斯湖可浚而成也。引泉水由西北折而之东，延数十里，注之于湖，水多则蓄之，以防涨溢；干旱则泄之，以润田畴。湖成而民利普焉。”

在徐州抗洪

徐州处在泗水与汴水东坡的交汇之地。黄河曾流经汴水入泗水，再进入淮河而入大海，而在徐州傍城流过后，徐州三面绕水。咸丰五年（1855），黄河才远离了徐州，夺泗水而入淮河，留下很小很小一段绕城而过的河道，即黄河故道，并留至今天。

徐州的水系

熙宁十年（1077）春，苏轼由密州（今山东诸城）转任河中府（今山西永济），在赴任途中，接到新的任命而转赴徐州。他刚到徐州不久，一场大水就自北向南汹涌而至。这是黄河在澶州曹村（今濮阳县陵平）一带决口，由此改道南徙，洪水汇聚在徐州，直冲到徐州城下而不退。

徐州抗洪

苏轼便“使民具畚锸，畜土石，积刍茭（干草）”，堵塞城墙的缝隙。洪水到来，他调集民夫抗洪。由于洪水冲击着的城墙随时有被冲毁的危险，苏轼动员民众一同守城墙，并且到武卫营动员军人全力以赴，加固城南堤防，还把墙基加厚、城墙加高，共保城墙。他们从城外东南方的戏马台开始，修筑防洪大堤至徐州城，作为抵御洪水的外围屏障。

苏轼指挥军民分段防守，他的决心也使徐州军民坚定了抗洪信心。当苏轼看到徐州城外漫漫无际的水势，一些幸存者散栖于林木

徐州黄楼的牌坊

丘陵之上时，他派“习水者浮舟楫，载糗饵以济之”，使那些无助的灾民免于饿死。他白天在一线指挥调度，晚上就睡在城墙上的棚子里，历时 70 余天，洪水终于退去。

在与民众一起抗洪的过程中，苏轼赢得了民众爱戴。（“水既去，而民益亲”）

洪水退后，苏轼急忙表奏朝廷，请增建徐州城墙及城外堤防。他提出，“筑堤防水，利在百世”，同民众一起筑起“首起戏马台，尾属于城”的护城大堤。这些石筑的长堤可防患水灾于未然。为纪念苏轼的功绩，他率众修筑的长堤被命名为“苏堤”。据说，徐州苏堤路的基础就是原来的苏堤。

徐州云龙湖的苏轼像

苏轼还为建设徐州尽心尽力。元丰元年（1078），苏轼在城东门建造黄楼，寓意“垩以黄土”。“黄楼高十丈，下建五丈旗。楚山（泛指徐州周围之山）以为城，泗水以为池”。因此，“黄楼”有取土镇水之意，以楼镇水也的确表明徐州民众镇服水患的美好愿景。后来，人们在黄楼上建“东坡祠”来纪念他的护城功绩。每年一次的“黄楼香火会”，已延续数百载。由于城坚堤固，又有苏轼的黄楼镇服黄(河)水的神奇，自宋神宗熙宁末年至明熹宗天启初年，徐州城基本保持了 550 余年的安定繁荣。

徐州黄楼

苏轼也写下《九日黄楼作》，以记录这段不平凡的经历，诗云：

去年重阳不可说，南城夜半千沤发。
水穿城下作雷鸣，泥满城头飞雨滑。
黄花白酒无人问，日暮归来洗靴袜。
岂知还复有今年，把盏对花容一呷。
…………

在杭州疏浚西湖

苏轼还两度任职杭州，前后达5年之久。熙宁四年（1071），苏轼第一次到杭州，任通判。杭州城因地近海滨，地下水苦咸。唐大历

李泌始建杭州六井

年间（766—779），刺史李泌始建6处蓄水池，名为“六井”，引西湖淡水入井，解决城内居民饮水问题。但是，苏轼到杭州时，六井几乎湮废。他和太守陈襄在西湖边组织民众挖沟渠、换井壁、补漏洞，使六井得以继续供水。熙宁六年（1703），杭州大旱，因这些工程，并未影响百姓用水。

杭州西湖的苏堤

元祐四年（1089），苏轼任龙图阁学士，并第二次被派到杭州。仅过了十余年，六井又几乎湮废。原因是西湖葑（fēng）草丛生，湖面淤塞萎缩、水源不足，且竹水管易坏，更换不便。从长远计，苏轼决定于次年疏浚西湖。他指出：

杭州之有西湖，如人之有眉目，盖不可废也。唐长庆中，白居易为刺史。方是时，西湖溉田千余顷。及钱氏有国，置撩湖兵士千人，日夜开浚。自国初以来，稍废不治，水涸草生，渐成葑田。熙宁中，臣通判本州，则湖之合，盖十二三耳。至今才十六七年之间，遂湮塞其半。父老皆言十年以来，水浅葑横，如云翳空，倏忽便满，更二十年，无西湖矣。使杭州而无西湖，如人去其眉目，岂复为人乎？

他看到茅山有一条河专门容纳钱塘江潮水，盐桥还有一条河专门容纳西湖水，于是招募饥民疏浚这两条河道以通航。再修造堤堰闸门，控制西湖水的蓄积与排泄，使钱塘江潮水不能进入杭州城内。又修复了六井，用瓦筒取代竹管，并用石槽裹护，又开新井。人们把挖出来的淤泥堆积在西湖中，南北长30里，修筑的长堤方便了来往行人。苏轼又雇当地百姓在西湖中种菱。把种菱的收入用作修浚西湖的费用。又雇民工种植芙蓉、杨柳，使长堤美如图画，杭州人便把长堤命名为“苏公堤”，简称苏堤。

三潭印月

苏轼还成立“开湖司”，专职负责西湖的疏浚和整治，进行有效的管理。又在西湖内建造了3座石塔，规定石塔以内的湖面不允许占湖为田。今天，3座“宝塔”已演变为著名的景观——“三潭印月”。

杭州西湖风光（断桥）

苏轼此举功在当时，利在千秋，人们才可到杭州欣赏那美丽的西湖风光。

叫停颍州的八丈沟工程

元祐六年（1091），苏轼赴任颍州（今安徽省阜阳市颍州区），虽然只有8个月的任期，仍做出了3项业绩。尤其水利上的工作足以使他青史留名：他阻止了劳民伤财、有害无益的“八丈沟工程”，而对清河和西湖进行了疏浚。

刚到颍州时，苏轼就接到朝廷的指示，要他与官员共同商议八丈沟工程事宜。他看到当地官员正筹划在陈州（今河南周口）境内修一条八丈沟。这是在古代邓艾沟故道上，从陈州境内开挖一条354里长的新沟，以泄陈州之水，使其压颍入淮，达到疏导积水、消灭水患的目的。

对此，苏轼并不盲从。他上书朝廷，推迟会商，“候到任见得的确利害，别具申省”。

接着，苏轼便组成勘测小组，进行实地测量。他组织沿途的各县人员仔细测绘地形，使竹竿与水平尺配合使用，每25步立一竹竿，一共立了5811根竹竿，记下了地形高低的尺寸。

通过测量，苏轼弄清楚了地面的高低、各沟的深浅、淮河涨水的程度。他发现，八丈沟入淮口的水位，在淮河泛涨时高于八丈沟上游蔡口水位8尺5寸，陈州之水不能入淮，且淮水势必倒灌。八丈沟工程既不

清河一瞥　　颍州西湖的景色

能解除陈州水患，而上下游来水会在颍州横流。为此，苏轼向朝廷报告，应该终止开挖八丈沟的计划。最终，避免了一场费时、费工、费财而又无甚益处的浩大工程。

此后，苏轼便转向了清河的疏浚。他在颍州造了3座水闸，在上游开了一条清沟，修建了一座名曰青波塘的小水库，沟通了焦陂、清河、西湖与泉河、淮河的航道，还可调节颍州城西南的地表水，水大了可以排泄，水小了可以积蓄，保障了沿河两岸60余里农田的用水。苏轼对西湖进行美化，广植花树菱荷，增益亭台阁堂，使古代颍州西湖以优美自然风光和独特园林建筑闻名于世，苏东坡也被称为“颍州四贤”之一。

苏轼组织民夫开挖颍州的沟渠的同时，又疏浚治理颍州西湖，最终使颍州西湖也变得像杭州西湖一样秀美。苏轼还作诗《泛颍》，其中写道：

> 我性喜临水，得颍意甚奇。到官十日来，九日河之湄。吏民相笑语，使君老而痴。
>
> 使君实不痴，流水有令姿。绕郡十余里，不驶亦不迟。上流直而清，下流曲而漪。

作为一个水利专家，苏轼是当之无愧的。

在惠州和儋州的作为

绍圣元年（1094），苏轼被贬谪到岭南的惠州，在此地，苏轼也留下了好的名声。他协同惠州的官员修建了两座桥，一座在惠州湖上，一座在河上。当时惠州城只有一座好井，供官家使用。

惠州的滴水岩森林公园

百姓由于饮用水不洁，造成疫病流行，苏轼便约了一位道士，设计了一套引蒲涧滴水岩山泉进惠州的输水系统，以解决市民饮水的问题，被称为中国历史上最早的自来水。

惠州的西湖景色

惠州香积寺

次年，苏轼从惠州去往博罗县香积寺途中，看到流水从高山落下，他便想到筑塘蓄水和建闸，借水力磨面，可以降低劳动强度。他就嘱咐博罗县令，并告诉县令制造水碓（duì）、水磨的方法。几个月后，香积寺的水碓、水磨建成。由此，岭南各地开始仿建这种先进的水力机械。

绍圣四年（1097），苏轼被贬到儋州。他发现，乡间的百姓多饮用池塘水，不少人染病。于是，苏轼指导乡民一同掘井，饮用井水。此后，百姓争相效仿掘井，饮用井水之风盛行开来。而苏轼亲手开挖的第一口井，被百姓称为“东坡井”，今天仍然可在海南儋州市的东坡书院看到这口井的遗迹。

苏轼与王朝云

苏轼在海南　　苏轼在海南办学

苏轼一生遭受了很多磨难，回顾他遭贬的经历时，他写下了一首名诗，即《自题金山画像》：

心似已灰之木，身如不系之舟。
问汝平生功业，黄州惠州儋州。

在惠州和儋州是苏轼最低谷的时候，但仍然在水利事业上做出了巨大的功绩，造福当地民众，惠及后世。

东坡草堂　　　　海南东坡井

除了上述治水功绩，苏轼还留下了大量水利著述，比如《禹之所以通水之法》《乞开杭州西湖状》《奏论八丈沟不可开状》等，这些著述是他水利思想的集中体现。

纵观苏轼一生，数度出任地方官，水利成就卓著。他认为，水利兴废与政事兴衰紧密相关。主政各地时，他深入体察民情，了解民众疾苦，做到了以水利服务民生，实实在在地发挥了“河长”作用。

苏轼作为中国历史上的水利名人，是当之无愧的！

水利名人林则徐

林则徐（1785—1850，字元抚，又字少穆、石麟，晚号俟村老人、俟村退叟、七十二峰退叟、瓶泉居士、栎社散人等）是福建侯官县人，著名的政治家和思想家。他是嘉庆十六年（1811）进士，历官翰林编修、江苏按察使、东河总督、江苏巡抚、湖广总督等职。道光十九年（1839），林则徐作为钦差大臣赴广东禁烟，将外商交出的鸦片销毁于虎门。鸦片战争后被革职，并被发往新疆戍边。道光二十五年（1845）重获起用，道光三十年（1850），林则徐病逝于潮州普宁，获赠太子太傅，谥号“文忠”，有《林文忠公政书》等作品传世。尽管林则徐一生命运多舛，但他的眼界远至域外，在广州期间，他广泛搜集材料，深入研究，完成了《四洲志》，并且委托魏源进一步扩展成《海国图志》。林则徐的思想在中国产生了深远的影响。

林公渠

林则徐是一位名副其实的水利专家。在林则徐几十年的从政生涯中，一直重视兴修水利：主持治理过长江、黄河、吴淞江、黄浦江、娄河、白茆河和海塘等水系；在新疆更是留下“林公渠”“林公井”的传奇故事。

林则徐治水图（局部）

嘉庆二十五年（1820），林则徐外任浙江杭嘉湖道。任上，他重视兴修海塘，亲自勘查海塘破损状况。他发现，“旧塘于十八层中，每有薄脆者搀杂”，因此，他督促重修海塘工程，“新塘采石，必择坚厚”，“较旧塘增高二尺许，旧制五纵五横之外，添桩石”，十分牢固。

道光四年（1824），林则徐在江苏任职，当时江苏发生了一场大水灾，他开展赈济，并安置灾民，进行恢复生产的工作。林则徐认为，“蠲（juān）赈之惠在一时，水利之泽在万世”。这就是说，赈济救灾只是临时措施，兴修水利才能从根本上解决问题。于是，他认真学习水利知识，特别是河渠工程，得到了各方乃至皇帝的认可。例如，在奏请委任林则徐总办江浙水利的奏疏上，皇帝朱批:“即朕特派，非伊而谁?所请甚是。”后来，终林则徐一生，历任各种官位，大都关注水利工作，造福一方民众。他参与过的工程，包括治理长江、黄河、汉水、淮河、运河、太湖、伊犁河、福州西湖以及海塘等。

福州西湖李纲祠故址

福州西湖景色

林则徐一生治绩卓著，道光八年（1828），时任江宁布政使的林则徐因父丧丁忧，回到福州守孝。早在嘉庆十一年（1806），林则徐母亲去世后，父亲为林则徐兄弟分了家，林则徐分得的文藻山宅第位于今天福州的通湖路，离福州西湖不远。福州的西湖是当地最早的水利工程，可调节闽江上游来水，发挥水库的作用，并可灌溉福州地区农田，起到防洪涝的作用。但是，由于福州的西湖大部分被侵占，面积不断缩小，湖宽从 40 余里缩减到了 7 里。水库的调蓄功能变差，也影响了灌溉。眼见西湖日渐淤塞，一片破败，既无水利之用，也无风景可言，为了改善福州水利，他与当地开明官绅一起协力重浚西湖，提出改善福州水利建议。他代闽浙总督孙尔准和福建巡抚韩克均撰写了梳浚福州小西湖的告示。他还主持工程，招募民工为西湖挑浚共 2 万方，砌石堤 1236 丈长，只一年时间就疏浚完工。又在石堤内铺设官道，在堤上种树千株。现今的西湖公园，就是在林则徐修浚的基础上形成的。西湖至今还维持着林则徐当年疏浚后的面积，使福州人受益至今。西湖是福州的名胜古迹，也是闽都第一水利，既可浇灌农田，又可蓄洪避灾。疏浚西湖之后，林则徐将李纲祠移建到了西湖的荷亭边，并题写了一对楹联：“进退一身关社稷；英灵千古镇湖山。”

桂斋

道光十一年（1831）六月到次年七月，林则徐先后任湖北、河南、江宁布政使。他锐意整顿财政，兴修水利，救灾办赈。林则徐升任河东河道总督后，他“力振因循”，验催河工，保持质量，以求“工固澜安”。在治理黄河的过程中，林则徐顶着寒风，步行几百里，查看沿河地势和水流情况；为了推进治河工作，曾在屋壁上绘制了黄河的全部形势图，作为方案论证的参考。他揭露和杜绝了一些弊端，并严肃处分办事不力的官员，大大推进了治河工作。他下令检验河堤料垛，对备用的治水高梁秸进行细心检查。这种办事认真的精神，受到道光帝的

林则徐像

林则徐著《四洲志》

表彰，也得到民众的称赞。

道光十二年（1832），江苏发生大水灾。林则徐详尽陈述灾情，向朝廷提出缓征漕赋的建议。这对当时恢复生产、解脱民困起到了有利的作用。同时，他分析出水灾的原因在于吴淞江、黄浦江、娄河及白茆河年久失修，逐年淤塞，于是建议治理白茆河、娄河。早在道光三年（1823）的大水，林则徐就力主疏通刘河故道以泄水，取得成功。道光四年（1824），为根除水灾，林则徐向地方督抚提出暂垫官款、疏浚水道的建议。江浙官员据此商议，兴修两省水利，并奏请让林则徐对江浙水利进行指导。然而，在林则徐准备参加水利工程时，获知母亲讣讯后即奔丧。次年，林则徐参与了一些海运的筹办工作，随后以在堤工“构劳成疟”为由请辞，回籍调理。

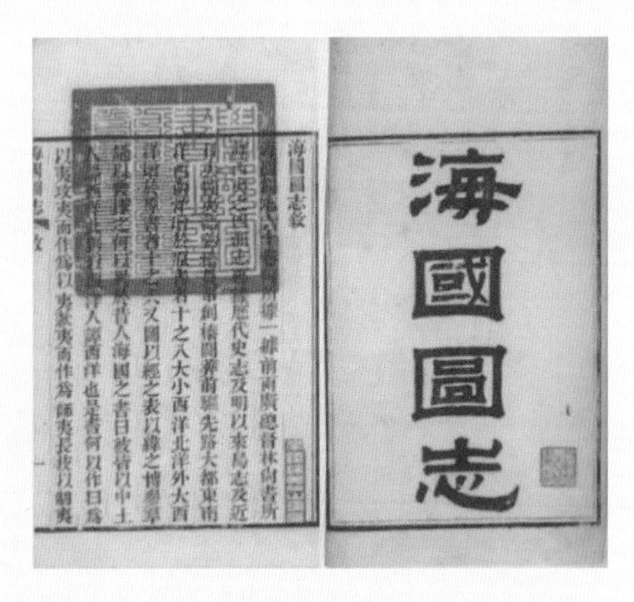

魏源的《海国图志》

林则徐始终以民生为首务，重视水利，疏浚江河，功勋卓著，不愧为水利事业的功臣。他的治水精神值得后人学习。

他在《赴戍登程口占示家人》中写道：

魏源像

> 力微任重久神疲，再竭衰庸定不支。苟利国家生死以，岂因祸福避趋之！
>
> 谪居正是君恩厚，养拙刚于戍卒宜。戏与山妻谈故事，试吟断送老头皮。

其中的“苟利国家生死以，岂固祸福避趋之”成为千古名句，作为他的一生为民为国辛苦操劳的写照是十分贴切的。